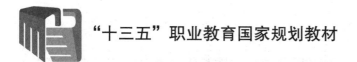

工控组态技术项目化教程
（第2版）

主　编　梁玉文　梁　亮　张晓娟
副主编　李　楠　孙国龙　李婉珍　冯志鹏

北京理工大学出版社
BEIJING INSTITUTE OF TECHNOLOGY PRESS

内 容 简 介

本书是以项目为载体基于工作过程导向的项目化教材,以掌握自动化行业组态监控技术的基本知识和技能为学习目标,以北京昆仑通态自动化软件科技有限公司的 MCGS 通用版组态软件为例讲解工控组态技术在工程上的应用;以贴近生活实际和企业的基本项目为模型构建 6 个教学项目,介绍工控组态技术在工程的创建、界面设计、数据库变量的连接、设备的组态、数据报警、实时曲线、历史曲线、数据报表、工程操作权限、安全机制等方面的知识,通过"项目导入""项目资讯""项目分析""项目实施""问题与思考"五方面进行设计。本书注重培养学生理论知识应用、实践技能的锻炼和职业素养的提高。本书适合作为高职高专自动化类专业的教材,也可作为相关工程技术人员研究的参考书。

版权专有 侵权必究

图书在版编目（CIP）数据

工控组态技术项目化教程 / 梁玉文,梁亮,张晓娟主编. — 2 版. — 北京：北京理工大学出版社,2019.11（2023.1 重印）
 ISBN 978 – 7 – 5682 – 7896 – 6

Ⅰ. ①工… Ⅱ. ①梁…②梁…③张… Ⅲ. ①工业控制系统 – 应用软件 – 高等学校 – 教材 Ⅳ. ①TP273

中国版本图书馆 CIP 数据核字（2019）第 253545 号

出版发行 /	北京理工大学出版社有限责任公司
社　　址 /	北京市海淀区中关村南大街 5 号
邮　　编 /	100081
电　　话 /	(010) 68914775（总编室）
	(010) 82562903（教材售后服务热线）
	(010) 68948351（其他图书服务热线）
网　　址 /	http：//www.bitpress.com.cn
经　　销 /	全国各地新华书店
印　　刷 /	三河市天利华印刷装订有限公司
开　　本 /	787 毫米 × 1092 毫米　1/16
印　　张 /	16.5
字　　数 /	392 千字
版　　次 /	2019 年 11 月第 2 版　2023 年 1 月第 5 次印刷
定　　价 /	42.00 元

责任编辑 / 钟　博
文案编辑 / 钟　博
责任校对 / 周瑞红
责任印制 / 李志强

图书出现印装质量问题,请拨打售后服务热线,本社负责调换

前言 Preface

党的二十大报告中指出"教育、科技、人才是全面建设社会主义现代化国家的基础性、战略性支撑。必须坚持科技是第一生产力、人才是第一资源、创新是第一动力。"教材以源于企业生产和生活实际的典型工作项目为载体构建教学项目,注重弘扬学生的劳模精神、劳动精神、工匠精神、激励学生走技能成才、技能报国之路,培养更多高技能人才和大国工匠,为全面建设社会主义现代化国家提供有力人才保障。

为全面贯彻党的二十大精神,利用丰富的教学资源实现产教融合、科教融汇,为推动制造业高端化、智能化发展做出贡献。本书内容充实,以典型的工程项目为载体,遵循从简单到复杂的循序渐进的教学规律,注重工程实践能力的提高,重点突出对学生职业技能的培养。本书改变了以知识能力点为体系的框架,以源于企业生产和生活实际的6个工作项目为载体组织编排内容,项目的设计由浅入深,项目设计的"知识点"和"能力点"逐步增加,学生独立完成的比重逐渐增加,经过多个项目的反复操作,多次循环,学生的基本操作能力得到确立和巩固。每个项目内容的设计仅围绕任务单的信息要求进行,给出完成任务所需的思路和信息资源。为了让学生顺利完成任务作品,项目工作单提供具体的实施步骤、必要的技术支持和帮助;任务结束后,还设计了考核评价和思考环节,这样的编排有助于学生主动利用信息技术和工具真正投入学习活动中。

本书是自动化类专业开设的"组态技术"及相关课程的教材,书中的重点内容都配有实物图片和微视频,直观形象,更易于学生学习理解。本书所配光盘资源丰富,包含教学课件、项目工程实例等课程教学配套资源,为教师教学和学生自主学习提供便利。本书也可作为职业技能竞赛及自动化课程的相关培训参考书。

吉林电子信息职业技术学院的教师团队进行本书的主要编写工作。梁玉文、梁亮、张晓娟担任主编;李楠、孙国龙、李婉珍、冯志鹏担任副主编;全书由梁玉文统稿。具体分工如下:梁玉文负责项目二、三、四的编写及内容编排、项目设计、活页设计等;梁亮负责项目六的编写及视频的录制、剪辑;张晓娟负责活页中任务单和工作单的设计和编排;李楠负责项目五及工程文件的设计与制作;孙国龙负责绪论和项目一的编写和视频剪辑;李婉珍和冯志鹏负责活页内容的编写以及图文编排、文字整理、素材提供、案例及习题准备等。吉林省大河智能科技有限公司的祁金生总经理在本书编写过程中提供了许多自动化领域的真实项目案例,双鸭山电厂的韩部长等人也对本书提出了宝贵的建议,在此对所有参与本书编写的朋友们致以衷心的感谢。

编　者

目录

- ▶绪论　MCGS 组态技术概述 ··· 1
  - 0.1　学习目标 ··· 1
  - 0.2　组态技术概述 ··· 1
  - 0.3　MCGS 通用版组态软件的安装 ··· 9
  - 0.4　MCGS 通用版组态软件的运行与工作方式 ································ 12
  - 0.5　MCGS 组建新工程的步骤 ··· 13
  - 0.6　思考与问题 ··· 15
- ▶项目一　火电厂水泵运行监控 ··· 16
  - 1.1　项目导入 ··· 16
  - 1.2　项目资讯 ··· 16
  - 1.3　项目分析 ··· 24
  - 1.4　项目实施 ··· 25
  - 1.5　问题与思考 ··· 39
- ▶项目二　变电站供电系统运行监控 ··· 41
  - 2.1　项目导入 ··· 41
  - 2.2　项目资讯 ··· 43
  - 2.3　项目分析 ··· 50
  - 2.4　项目实施 ··· 50
  - 2.5　问题与思考 ··· 68
- ▶项目三　啤酒厂机械手运行监控 ··· 71
  - 3.1　项目导入 ··· 71
  - 3.2　项目资讯 ··· 71
  - 3.3　项目分析 ··· 74
  - 3.4　项目实施 ··· 75
  - 3.5　问题与思考 ··· 94
- ▶项目四　模拟水位控制工程监控系统 ··· 96
  - 4.1　项目导入 ··· 96
  - 4.2　项目资讯 ··· 98
  - 4.3　项目分析 ··· 101

  4.4 项目实施 ………………………………………………………………………… 102
  4.5 问题与思考 ……………………………………………………………………… 130

▶**项目五 十字路口交通灯运行监控** …………………………………………………… 136
  5.1 项目导入 ………………………………………………………………………… 136
  5.2 项目资讯 ………………………………………………………………………… 137
  5.3 项目分析 ………………………………………………………………………… 139
  5.4 项目实施 ………………………………………………………………………… 140
  5.5 问题与思考 ……………………………………………………………………… 156

▶**项目六 自来水厂恒压供水系统运行监控** ……………………………………………… 158
  6.1 项目导入 ………………………………………………………………………… 158
  6.2 项目资讯 ………………………………………………………………………… 159
  6.3 项目分析 ………………………………………………………………………… 159
  6.4 项目实施 ………………………………………………………………………… 161
  6.5 问题与思考 ……………………………………………………………………… 178

▶**附 录** ……………………………………………………………………………………… 180

▶**参考文献** ……………………………………………………………………………………… 194

绪论 MCGS组态技术概述

0.1 学习目标

（1）了解什么是 MCGS 组态技术；
（2）掌握 MCGS 组态软件的系统构成、功能、特点及工作方式；
（3）熟悉组态软件组态环境与运行环境之间的关系；
（4）掌握 MCGS 组态软件的安装过程及步骤；
（5）掌握 MCGS 组态新建工程的步骤。

0.2 组态技术概述

1. 组态与组态控制技术的概念

组态（configuration）的意思是模块化任意组合。

组态控制技术属于一种计算机控制技术，它是利用计算机监控某种设备，使其按照控制要求工作。利用组态控制技术构成的计算机组态监控系统主要由被控对象、传感器、I/O 接口、计算机及执行机构等部分组成。

在计算机控制系统中，组态有硬件组态和软件组态两个层面的含义。

硬件组态是指系统中大量选用各种专业设备生产厂家提供的成熟通用的硬件设备，通过对这些设备的简单组合与连接，构成自动控制系统。这些通用设备包括控制器（MUC、IPC 和 PLC 等）、各种检测设备（如传感器、变送器等）、各种执行设备（如电动机、电磁阀、气缸等）、各种发出命令的输入设备（如按钮、开关、给定设备等）以及各种 I/O 接口设备，这些设备可根据需要进行组合。

目前国内外许多自动化设备厂家都生产可供组态的自动化产品，例如德国西门子公司，日本三菱、欧姆龙、松下等公司，法国施耐德公司，美国 AB 公司，中国台湾的研华公司，中国浙大中控公司等。这些厂家可提供各种工控机、I/O 板卡、I/O 模块、PLC 等硬件产品。

软件组态是指利用专业软件公司提供的专业工控软件进行控制系统工程的设计。例如，使用 MCGS 组态软件的工具包，可以完成组态监控系统人机界面的制作和程序的设计。

2. 组态软件

组态软件又称组态监控系统软件（Supervisory Control and Data Acquisition，数据采集与监视控制）。它是指一些数据采集与过程控制的专用软件。它们处在自动控制系统监控层一级的软件平台和开发环境，使用灵活的组态方式，为用户提供快速构建工业自动控制系统监控层一级的软平台和开发环境，使用灵活的组态方式，为用户提供快速构件工业自动控制系统监控功能的、通用层次的软件工具。组态软件的应用领域很广，可以应用于单利系统，给水系统，石油、化工等领域的数据采集与监视控制，以及过程控制等诸多领域。其在电力系统以及电气化铁道上又称为远动系统［RTU（Remote Terminal Unit）System］。

市场上的组态软件可分为通用型和专用型。

通用型组态软件适用于不同厂家的硬件设备，常见的国产通用型组态软件有北京昆仑通态自动化软件科技有限公司的 MCGS 组态软件、北京亚控科技发展有限公司的组态王 KingView 软件等。每个用户根据工程实际情况，利用通用组态软件提供的底层设备（PLC、智能仪表、智能模板卡、变频器等）的 I/O 驱动器、开放式的数据库和画面制作工具，就能完成一个具有动画效果、可实施数据处理、历史数据和曲线并存、具有多媒体功能和网络功能的工程，不受行业限制。

专用型组态软件只针对特定的硬件产品，如德国西门子公司的 WINCC 软件只能与该公司的硬件产品配合使用。

本书以北京昆仑通态自动化软件科技有限公司的 MCGS 组态软件为例讲解。

3. 组态软件的功能

组态软件通常有以下功能：

（1）具有强大的界面显示组态功能。目前，组态软件大都运行于 Windows 环境下，充分利用 Windows 的图形，具有功能完善、界面美观的特点。其具有可视化的风格界面、丰富的工具栏，操作人员可直接进入开发状态以节省时间；具有丰富的图形空间和工控图形库，既提供所需的组件，又是界面制作向导；提供给用户丰富的作图工具，使用户可随心所欲地绘制出各种工业界面，并可任意编辑，从而将开发人员从繁重的界面设计中解放出来；具有丰富的动画连接方式，如隐含、闪烁、移动等，使界面生动、直观。

（2）具有良好的开放性。社会化的大生产使系统构成的全部软/硬件不可能出自同一家公司，"异构"是当今控制系统的主要特点之一。开放性是指组态软件能与多种通信协议互联，支持多种硬件设备。开放性是衡量一个组态软件好坏的重要指标。组态软件向下应能与低层的数据采集设备通信，向上应能与管理层通信，实现上位机与下位机的双向通信。

（3）提供丰富的功能模块，满足用户的测控要求和现场需求。组态软件利用各种功能模块完成实时监控，产生功能报表，显示历史曲线、实时曲线和提供警报等，使系统具有良好的人机界面，易于操作，系统适用于单机集中式控制、DCS 分布式控制，也可以是具有远程通信能力的远程测控系统。

（4）配有强大的实时数据库，可存储各种数据，如模拟量、开关量、字符型数据等，实现与外部设备的数据交换。

（5）有可编程的命令语言，使用户可根据自己的需要编写程序，增强图形界面交互能力。

(6) 可进行周密的系统安全防范，对不同的操作者赋予不同的操作权限，保证整个系统的安全，使系统可靠运行。组态软件有强大的仿真功能，可使系统并行设计，从而缩短开发周期。

4. MCGS 组态软件的概念及特点

1) MCGS 组态软件的概念

通用监控系统（Monitor and Control Generated System，MCGS）是北京昆仑通态自动化软件科技有限公司研发的一套用于快速构造和生成计算机监控系统的组态软件，它能够在各种 32 位 Windows 平台上运行，如 Microsoft Windows 95/98/Me/NT/2000 等操作系统。它通过对现场数据的采集处理，以动画显示、报警处理、流程控制和报表输出等多种方式向用户提供解决实际工程问题的方案。它充分利用了 Windows 图形功能完备、界面一致性好、易学易用的特点，比以往使用专用机开发的工业控制系统更具有通用性，在自动化领域有着更广泛的应用。

MCGS 组态软件分为 MCGS 通用版（单机版）、MCGS 网络版和 MCGS 嵌入版，它们的操作理念相似，因此本书以通用版为例讲解。

使用 MCGS 组态软件，用户无须具备计算机编程的知识，就可以在短时间内轻而易举地完成一个运行稳定、功能全面、维护量小并且具备专业水准的计算机监控系统的开发工作。

MCGS 组态软件具有操作简便、可视性好、可维护性强、性能高、可靠性高等突出特点，已成功应用于石油化工、钢铁、电力系统、水处理、环境监测、机械制造、交通运输、能源原材料、农业自动化、航空航天等领域，经过各种现场的长期实际运行，系统稳定可靠。

2) MCGS 组态软件的特点

与国内外同类产品相比，MCGS 组态软件具有以下特点：

(1) 全中文、可视化、面向窗口的组态开发界面，符合中国人的使用习惯和要求；真正的 32 位程序，可运行于 Microsoft Windows95/98/Me/NT/2000 等多种操作系统。

(2) 庞大的标准图形库、完备的绘图工具以及丰富的多媒体支持，使用户能够快速地开发出集图像、声音、动画等于一体的漂亮、生动的工程画面。

(3) 全新的 ActiveX 动画构件，包括存盘数据处理、条件曲线、计划曲线、相对曲线、通用棒图等，使用户能够更方便、更灵活地处理、显示生产数据。

(4) 支持目前绝大多数硬件设备，同时可以方便地定制各种设备驱动。此外，独特的组态环境调试功能与灵活的设备操作命令相结合，使硬件设备与软件系统的配合天衣无缝。

(5) 简单易学的类 Basic 脚本语言与丰富的 MCGS 策略构件，使用户能够轻而易举地开发出复杂的流程控制系统。

(6) 具有强大的数据处理功能，能够对工业现场产生的数据以各种方式进行统计处理，使用户能够在第一时间获得有关现场情况的第一手数据。

(7) 方便的报警设置、丰富的报警类型、报警存贮与应答、实时打印报警报表功能以及灵活的报警处理函数，使用户能够方便、及时、准确地捕捉到任何报警信息。

(8) 具有完善的安全机制，允许用户自由设定菜单、按钮及退出系统的操作权限。此外，MCGS 4.1还提供了工程密码、锁定软件狗、工程运行期限等功能，以保护组态开发者的成果。

（9）具有强大的网络功能，支持TCP/IP、Modem、485/422/232，以及各种无线网络和无线电台等多种网络体系结构。

（10）具有良好的可扩充性，用户可通过OPC、DDE、ODBC、ActiveX等机制方便地扩展MCGS 4.1组态软件的功能，并与其他组态软件、MIS系统或自行开发的软件进行连接。

（11）提供了WWW浏览功能，能够方便地实现生产现场控制与企业管理的集成。在整个企业范围内，只使用IE浏览器就可以在任意一台计算机上方便地浏览与生产现场一致的动画画面、实时和历史的生产信息，包括历史趋势，生产报表等，并提供完善的用户权限控制。

5. MCGS组态软件的体系结构

MCGS软件系统包括组态环境和运行环境两个部分。组态环境相当于一套完整的工具软件，帮助用户设计和构造自己的应用系统。运行环境则按照组态环境中构造的组态工程，以用户指定的方式运行，并进行各种处理，完成用户组态设计的目标和功能。

MCGS组态软件（以下简称MCGS）由"MCGS组态环境"和"MCGS运行环境"两个系统组成。两部分互相独立，又紧密相关，如图0.1所示。

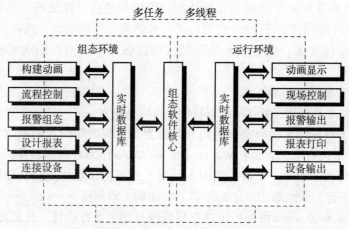

图0.1 MCGS的组态环境与运行环境的关系

MCGS组态环境是生成用户应用系统的工作环境，由可执行程序"McgsSet.exe"支持，其存放于MCGS目录的"Program"子目录中。用户在MCGS组态环境中完成动画设计、设备连接、控制流程的编写、工程打印报表的编制等全部组态工作后，生成扩展名为".mcg"的工程文件，又称为组态结果数据库，其与MCGS运行环境一起构成用户应用系统，统称为"工程"。

MCGS运行环境是用户应用系统的运行环境，由可执行程序"McgsRun.exe"支持，其存放于MCGS目录的"Program"子目录中，在运行环境中完成对工程的控制工作。

6. MCGS的组成部分

MCGS所建立的工程由主控窗口、设备窗口、用户窗口、实时数据库和运行策略5个部分构成，如图0.2所示。

绪论 MCGS组态技术概述

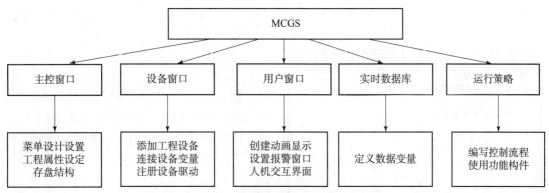

图 0.2 MCGS 的组成部分

MCGS 用"工作台"窗口来管理这 5 个部分，如图 0.3 所示。工作台上的 5 个标签对应 5 个不同的选项卡，每个选项卡负责管理用户应用系统的一个部分，每一部分分别进行组态操作，完成不同的工作，具有不同的特性。在 MCGS 通用版组态软件中，每个应用系统只能有一个主控窗口和一个设备窗口，但可以有多个用户窗口和多个运行策略，实时数据库也可以有多个数据对象。

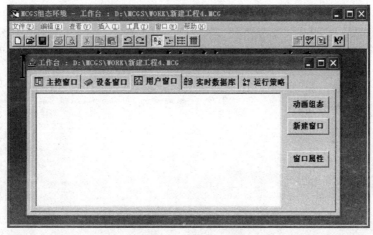

图 0.3 "工作台"窗口

（1）主控窗口：它是工程的主窗口或主框架。它确定了工业控制中工程作业的总体轮廓、运行流程、菜单命令、特性参数和启动命令等参数。在主控窗口中可以放置一个设备窗口和多个用户窗口，负责调度和管理这些窗口的打开或关闭。主要的组态操作包括：定义工程的名称、编制工程菜单、设计封面图形、确定自动启动的窗口、设定动画刷新周期、指定数据库存盘文件名称及存盘时间等，如图 0.4 所示。

（2）设备窗口：它是连接和驱动外部设备的工作环境。在该窗口内可配置数据采集与控制输出设备，注册设备驱动程序，定义连接与驱动设备用的数据变量。它是 MCGS 系统与外部设备联系的媒介。设备窗口专门用来放置不同类型和功能的设备构件，如图 0.5 所示。它通过设备构件把外部设备的数据采集进来，送入实时数据库，或把实时数据库中的数据输出到外部设备。运行时，系统自动打开设备窗口，管理和调度所有设备构件正常工作。但要注意，对用户来说，设备窗口在运行时是不可见的。

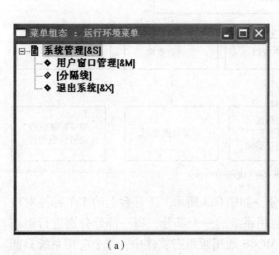 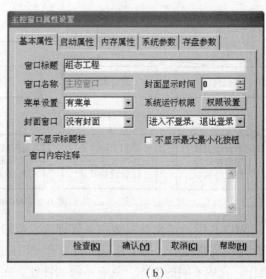

图 0.4 主控窗口
(a)主控窗口"菜单组态";(b)"主控窗口属性设置"对话框

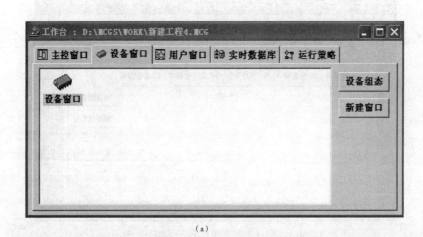

图 0.5 设备窗口
(a)"设备窗口"选项卡;(b)"设备组态:设备窗口"对话框

(3)用户窗口:该窗口主要用于设置工程中人机交互的界面,例如生成各种动画显示画面、报警输出、数据与曲线图表等,由用户自己定义。用户窗口中有3种不同类型的图形对象,即图元、图符和动画构件。图元和图符为用户提供了一套完善的设计制作图形画面和定义动画的方法，动画构件则对应于不同的动画功能。它们是从工程实践经验中总结出来的常用的动画显示与操作模块，用户可以直接使用。

通过搭建多个用户窗口、在用户窗口内放置不同的图形对象等操作，用户可以构造各种复杂的图形界面，然后再借助内部命令和脚本程序来实现其工艺流程和画面的调用，从而实现现场工艺流程的"可视化"。

在组态工程中可定义多个用户窗口，如图 0.6 所示，但最多不超过 512 个。所有用户窗口均位于主控窗口内，其打开时窗口可见，关闭时窗口不可见。允许多个用户窗口同时处于打开状态。

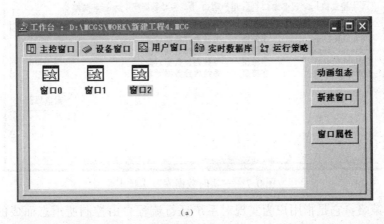

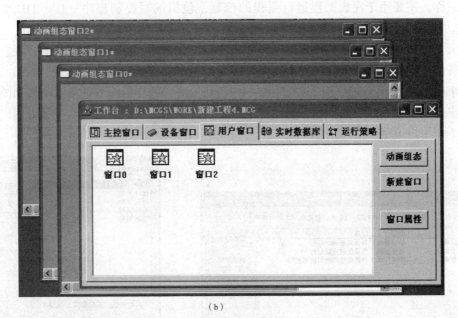

图 0.6 用户窗口

(a) "用户窗口"选项卡；(b) 多个打开窗口

（4）实时数据库：它是工程各个部分的数据交换与处理中心，它将 MCGS 工程的各个部分连接成有机的整体，是 MCGS 系统的核心。

在数据库中，可定义不同类型和名称的变量，作为数据采集、处理、输出控制、动画连接及设备驱动的对象，如图0.7所示。实时数据库用来管理所有的实时数据，将实时数据在系统中进行交换处理，自动完成对实时数据的报警处理和存盘处理等，有时还可处理相关信息。因此，实时数据库中的数据不同于传统意义上的数据或变量，它不仅包含了变量的数值特征，还将与数据相关的其他属性（如数据的状态、报警限值等）以及对数据的操作方法（如存盘处理、报警处理等）封装在一起，作为一个整体，以对象的形式提供服务。这种把数值、属性和方法定义成一体的数据称为数据对象。

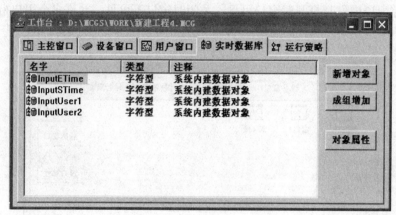

图0.7 "实时数据库"选项卡

（5）运行策略：它是指用户为实现对系统运行流程自由控制所组态而成的一系列功能模块的总称，主要用于完成工程运行流程的控制，包括编写控制程序（IF…THEN 脚本程序），选用各种功能构件，如数据提取、定时器、配方操作、多媒体输出等。通过对运行策略的定义，可使系统能够按照设定的顺序和条件操作数据库，控制用户窗口的打开、关闭并确定设备构件的工作状态等，从而实现对外部设备工作过程的精确控制。

一个应用系统有3个固定的运行策略——启动策略、循环策略和退出策略，如图0.8所示。用户还可根据具体需要创建新的用户策略、报警策略、实践策略等。注意：用户最多可创建512个用户策略。

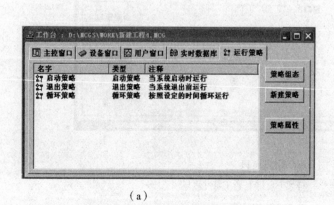

（a）

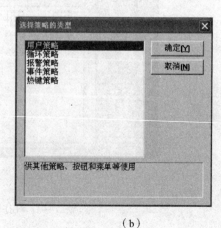

（b）

图0.8 运行策略

(a)"运行策略"选项卡；(b)新建策略类型选择窗口

0.3 MCGS通用版组态软件的安装

1. MCGS通用版组态软件的系统要求

1）硬件需求

MCGS系统要求在IBM PC486以上的微型机或兼容机上运行，以微软公司的Windows 95、Windows 98、Windows Me、Windows NT或Windows 2000为操作系统。

2）软件需求

MCGS可以在以下操作系统下运行：

（1）中文Microsoft Windows NT Server 5.0（需要安装SP3）或更高版本；

（2）中文Microsoft Windows NT Workstation 5.0（需要安装SP3）或更高版本；

（3）中文Microsoft Windows 95、98、Me、2000（Windows 95推荐安装IE4.0）或更高版本。

说明：在中文Microsoft Windows NT Server 5.0或中文Microsoft Windows NT Workstation 5.0操作系统上安装MCGS通用版组态软件时，该软件将自动检测是否已安装了SP3。如果未安装，将提示是否安装，选择"是"选项即可进行安装。如果仍未安装成功，可以在安装光盘的"SUPPORT \ SP3"目录下双击"Updata.exe"程序安装SP3。

2. MCGS通用版组态软件的安装过程

MCGS通用版组态软件可使用安装光盘或组态软件安装包进行安装，具体安装步骤如下：

（1）启动Windows。

（2）在相应的驱动器中插入光盘，或者打开组态软件的安装包，如图0.9所示。

图0.9 安装包文件夹

（3）双击"mcgs通用版"文件夹图标，打开"mcgs通用版"文件夹，MCGS安装程序窗口如图0.10所示。

（4）双击"McgsSetup"图标，弹出MCGS通用版组态软件安装对话框，如图0.11所示。

图 0.10　MCGS 安装程序窗口

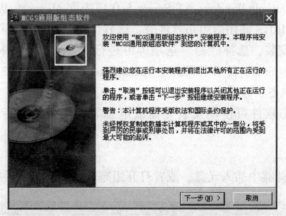

图 0.11　MCGS 通用版组态软件安装向导

（5）单击"下一步"按钮，会弹出 MCGS 通用版组态软件自述文件对话框，如图 0.12 所示。

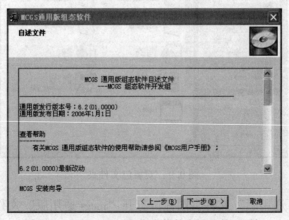

图 0.12　MCGS 通用版组态软件自述文件对话框

（6）单击"下一步"按钮，弹出设置安装路径的界面，如图 0.13 所示。系统默认的安装路径为"D:\MCGS"。用户可自行设置安装路径，也可选择系统默认安装路径。安装路径设置好后，再单击"下一步"按钮，系统会自动进入软件安装过程。安装完成后，安装程序将自动弹出安装结束对话框，如图 0.14 所示。

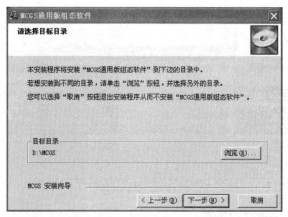

图 0.13　设置 MCGS 通用版组态软件安装路径的界面

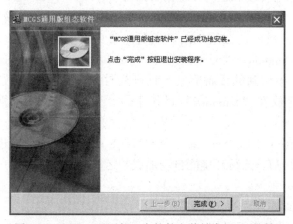

图 0.14　MCGS 通用版组态软件安装结束提示对话框

（7）单击"完成"按钮，进入安装的最后一步，如图 0.15 所示，单击"确定"按钮，重新启动计算机，MCGS 主程序安装结束。

（8）再次进入图 0.10 所示的窗口，双击"SetupDriver"图标，安装驱动程序。安装完成后，Windows 操作系统的桌面上添加了两个快捷图标，如图 0.16 所示。

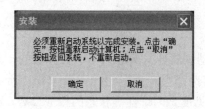

图 0.15　重启计算机　　　　　　　　图 0.16　桌面快捷图标

同时 Windows 的"开始"菜单中也添加了相应的 MCGS 程序组，如图 0.17 所示，包括"MCGS 电子文档""MCGS 运行环境""MCGS 自述文档""MCGS 组态环境"以及"卸载 MCGS 组态软件"。其中，"MCGS 运行环境"和"MCGS 组态环境"为软件的主体，"MCGS

自述文档"则描述软件发行时的最后信息，"MCGS 电子文档"则包含了相关 MCGS 最新的帮助信息。

图 0.17　MCGS 程序组

0.4　MCGS 通用版组态软件的运行与工作方式

1. MCGS 通用版组态软件的运行

MCGS 系统分为组态环境和运行环境两个部分。程序"MCGS Set.exe"对应于 MCGS 系统的组态环境，程序"MCGS Run.exe"对应于 MCGS 系统的运行环境。

MCGS 系统安装完成后，在用户指定的目录（或系统缺省目录"D:\MCGS"）下创建有 3 个子目录："Program""Samples"和"Work"。组态环境和运行环境对应的两个执行文件以及 MCGS 中用到的设备驱动、动画构件及策略构件存放在子目录"Program"下，样例工程文件存放在"Samples"目录下，"Work"子目录则是用户的缺省工作目录。

分别运行执行程序"MCGS Set.exe"和"MCGS Run.exe"，就能进入 MCGS 的组态环境和运行环境。安装完毕后，运行环境能自动加载并运行样例工程。用户可根据需要创建和运行自己的新工程。

2. MCGS 通用版组态软件的工作方式

1）MCGS 如何与设备进行通信

MCGS 通过设备驱动程序与外部设备进行数据交换，包括数据采集和发送设备指令。设备驱动程序是由 VB、VC 程序设计语言编写的 DLL（动态链接库）文件，设备驱动程序中包含符合各种设备通信协议的处理程序，将设备运行状态的特征数据采集进来或发送出去。MCGS 负责在运行环境中调用相应的设备驱动程序，将数据传送到工程中的各个部分，完成整个系统的通信过程。每个驱动程序独占一个线程，达到互不干扰的目的。

2）MCGS 如何产生动画效果

MCGS 为每一种基本图形元素定义了不同的动画属性，例如：一个长方形的动画属性有可见度、大小变化、水平移动等，每一种动画属性都会产生一定的动画效果。所谓动画属性，实际上是反映图形的大小、颜色、位置、可见度、闪烁性等状态的特征参数。然而，在组态环境中生成的画面都是静止的，如何在工程运行中产生动画效果呢？方法是：图形的每一种动画属性中都有一个"表达式"设定栏，在该栏中设定一个与图形状态相联系的数据变量，连接到实时数据库中，以此建立相应的对应关系，这称为动画连接。MCGS 的动画效果如图 0.18 所示。

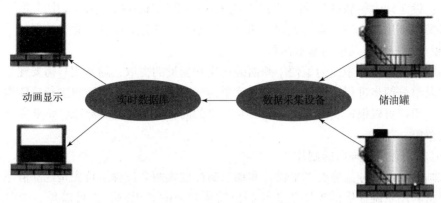

图 0.18 MCGS 的动画效果

3) MCGS 如何实施远程多机监控

MCGS 提供了一套完善的网络机制，可通过 TCP/IP 网、Modem 网和串口网将多台计算机连接在一起，构成分布式网络监控系统，实现网络间的实时数据同步、历史数据同步和网络事件的快速传递。同时，可利用 MCGS 提供的网络功能，在工作站上直接对服务器中的数据库进行读写操作。分布式网络监控系统的每一台计算机都要安装一套 MCGS。MCGS 把各种网络形式，以父设备构件和子设备构件的形式供用户调用，并进行工作状态、端口号、工作站地址等属性参数的设置。

4) 如何对工程运行流程实施有效控制

MCGS 开辟了专用的"运行策略"窗口，建立用户运行策略。MCGS 提供了丰富的功能构件，供用户选用，通过构件配置和属性设置两项组态操作，生成各种功能模块（称为"用户策略"），使系统能够按照设定的顺序和条件，操作实时数据库，实现对动画窗口的任意切换，控制系统的运行流程和设备的工作状态。所有操作均采用面向对象的直观方式，避免了烦琐的编程工作。

用户应着重掌握 MCGS 的五大部分的概念，明确每一部分的功能以及工程组态中的各个部分的实现应在软件的哪一部分中完成。对于每一部分相互之间如何进行数据交换，将在以后的章节中详细介绍。对于 MCGS 的运行机制，用户只需作一般性了解。

0.5 MCGS 组建新工程的步骤

1) 工程系统分析

在使用组态软件新建工程之前，首先要熟悉工程的技术要求，分析工程项目的系统构成、工艺流程，确定监控系统的控制流程和被监控对象的特征等问题。在此基础上，拟定组建工程的总体规划和设想，主要包括用户窗口界面、动画效果以及需要在实时数据库中定义哪些数据对象等，同时还要分析工程中的设备采集及输出通道与软件中实时数据库对象的对应关系，确定哪些数据对象是要求与设备连接的，哪些数据对象是软件内部用来传递数据集动画显示的。

2) 建立新工程

建立新工程主要包括：定义工程名称；封面窗口（系统进入运行状态，第一个显示的图形界面）名称；启动窗口名称；系统默认存盘数据库或指定存盘数据库文件的名称及存盘数据库；设定动画刷新的周期。经过上述操作，即在MCGS组态环境中建立了由主控窗口、设备窗口、用户窗口、实时数据库和运行策略5个部分组成的工程结构框架。

3）设计用户操作菜单的基本体系

在系统运行的过程中，为了便于画面的切换和变量的提取，通常用户需要建立自己的菜单。建立菜单分两步进行，第一步是建立菜单的框架，第二步是对菜单进行功能组态。在组态过程中，用户可以根据实际需要，随时对菜单的内容进行增加或删减，不断完善，最终确定工程的菜单。

4）完成动态监控画面的制作

监控画面的制作分为静态图形设计和动态属性设置两个过程。首先是建立静态画面。静态画面是指利用系统提供的绘图工具绘制出监控画面的效果图，也可以是一些通过数码相机、扫描仪、专用绘图软件等手段创建的图片。其次，通过设置图形的动画属性，建立其与实时数据库变量的连接关系，从而完成静态画面的动画设计，实现颜色的变化、形状大小的变化及位置的变化等功能。

5）编写控制流程程序

在运行策略窗口内，需要从策略构建箱中选择所需功能策略构件，构成各种模块（称为策略块），由这些模块实现各种人机交互操作。在窗口动画制作过程中，除了一些简单的动画由图形语言定义外，大部分较复杂的动画效果和数据之间的连接都是通过一些程序命令来实现的，MCGS为用户提供了大量的系统内部命令。其语句形式兼容于VB、VC语言的格式。另外，MCGS还为用户提供了编程用的功能构件（称为"脚本程序"功能构件），这样就可以通过简单的编程语言来编写工程控制程序。

6）完善菜单按钮功能

虽然用户在工程中建立了自己的操作菜单，但对于一些功能比较强大的控制系统工程，有时还需通过对菜单命令、监控器件、操作按钮的功能组态，来实现与一些数据变量和画面的连接；实现历史数据、实时数据、各种曲线、数据报表、报警信息输出等功能；建立工程安全机制等。

7）编写程序完成工程调试

用户可以通过编写脚本程序或系统控制程序（如PLC程序）等进行工程的调试运行。首先可利用调试程序产生的模拟数据，初检动画显示和控制流程是否合理，然后进行现场在线调试，进一步完善动画效果和控制流程，以确定最优方案，使监控系统可靠运行。

8）连接设备驱动程序

在实现MCGS组态监控系统与外部设备连接前，应在设备窗口中选定与设备匹配的设备构件，设置通信协议，连接设备通道，确定数据变量的数据处理方式，完成设备属性的设置。

9）工程的综合测试

工程整体制作结束，进入最后测试过程，该过程将完成整个工程的组态工作，顺利实现工程的交接。为了保障工程技术人员的劳动成果，MCGS为用户提供了完善的保护措施，如工程密码的分级建立、系统登录的权限及软件狗的单片机锁定等，充分保护了知识产权的合法权益。

上述9个步骤可归类简化成4个步骤，即工程系统分析、监控画面的制作、实时数据库的建立及动画连接（此步骤中包含图符构件属性设置、运行策略选择、菜单按钮功能完善及设备组态等）。

值得注意的是，以上步骤只是按照组态工程的一般思路列出的，在实际组态中，对步骤的划分没有严格的限制和规定，甚至有些步骤是交织在一起进行的，用户可根据工程的实际需要，调整步骤的先后顺序。

0.6 思考与问题

（1）什么是组态？它包括哪些内容？
（2）组态软件由几部分组成？各组成部分有何特点？其功能是什么？
（3）组态环境由几部分组成？各部分的功能是什么？
（4）组态软件的安装注意事项有哪些？
（5）MCGS通用版组态软件的驱动如何安装？

项目一 火电厂水泵运行监控

1.1 项目导入

1. 学习目标

（1）掌握 MCGS 组态工程的创建、保存方法；
（2）掌握实时数据库的定义步骤及分类；
（3）掌握绘图工具条的使用、绘图工具箱的功能及图形的排列方法；
（4）能完成水泵监控系统的组态工程画面编辑及动画变量连接；
（5）能利用 MCGS 组态软件实现对水泵运行的实时监控组态及调试。

2. 项目描述

某电厂水处理车间利用机械搅拌加速澄清池设备，将澄清水由集水槽引出，送至清水箱。本项目主要采用"启动"按钮与"停止"按钮监控水泵的运行情况，当水泵运行时指示灯亮；当按下"停止"按钮时，水泵停止工作，停止指示灯点亮，运行指示灯熄灭。

1.2 项目资讯

1. 实时数据库

实时数据库（Real Time Data Base，RTDB）作为信息化的重要组成部分，在实时系统中起着极其重要的作用。实时数据库是实现企业智能集成制造系统的核心之一，是实现先进过程控制、全流程模拟和生产调度优化的基础。

实时数据库主要用于工厂过程的自动采集、存储和监视，实现保存、检索连续变化的生产数据，并行地处理成千上万的实时数据，并及时记录过程报警，同时根据需要，把有关信息以事件的方式发送给系统的其他部分，以便触发相关事件，进行实时处理。实时数据库采用面向对象的技术，为其他部分提供服务，实现了系统各功能部件的数据共享。

实时数据库是 MCGS 组态软件的核心。MCGS 将整个实时数据库作为一个对象封装起来，提供一系列的方法和属性，使外部程序通过这些方法和属性能对 MCGS 进行各种操作。当 MCGS 运行起来后，实时数据库的对象被暴露出来，通过对象链接和嵌入（OLE）操作取得实时数据库对象，从而实现直接操作 MCGS 的目的。

要建立一个合理的实时数据库，在建立实时数据库之前，首先应了解整个工程的系统构成和工艺流程，弄清被控对象的特征，明确主要的监控要求和技术要求，如刷新时间、存盘或报警等。对实际工程问题进行简化和抽象化处理，将代表工程特征的所有物理量作为系统参数加以定义并设定其属性。

数据对象是构成实时数据库的基本单元，建立数据对象的过程，实际就是构造实时数据库的过程，是按用户需求对数据对象的属性进行设置。

数据对象也称为数据变量，分为开关型、数值型、字符型、事件型、组对象和内部数据对象六种类型。其中，开关型、数值型、字符型、事件型、组对象是由用户定义的数据对象，内部数据对象则是由 MCGS 内部定义的。不同类型的数据对象，其属性不同，用途也不同。

（1）开关型：它主要是指那些具有开关特性的数字量。其数值只有两种形式："0"或"1"。其用来表征或控制如按钮、水泵、指示灯、传感器等的状态。

（2）数值型：它主要是指那些模拟量或数值量。它可以存储模拟量的现行参数，也可以存储运算的中间值或运算结果。

（3）字符型：它是用来存放文字信息的单元。其特征是由字符串组成，用来描述其他变量的特征。如在描述水泵的运行状态时，可用变化的说明性文字来表示，即水泵正常运行时，说明文字为"运行"，停止运行时，说明文字为"停止"，而水泵故障时，说明文字为"故障"。可见，字符型变量"水泵状态"并不存在数值大小、开关状态、报警参数等定义，它的字符串长度最长可达 64 KB。

（4）事件型：它用来记录和标识某种事件产生或状态改变的时间信息，是系统实现自诊断和数据库管理的有力助手。事件的发生既可来自外部设备，也可以来自内部某种功能构件。例如，开关量的状态发生变化、有报警信息产生等事件的发生，都可精确记录系统在运行过程中所发生事件的具体时刻。事件型数据对象的值是由 19 个字符组成的定长字符串，用来保留当前最近一次事件产生的时间。年用 4 位数字表示，而月、日、时、分、秒分别用两位数字表示，数字之间用","分隔，如"2016，07，15，10，29，40"即表示该事件产生于 2016 年 7 月 15 日 10 时 29 分 40 秒。

（5）组对象：它是多个数据对象的集合，用来把多个数据对象集合在一起，作为整体来定义和处理。在处理组对象时，只需指定组对象的名称，就包括了对其所有成员的处理。组对象没有工程单位、最大值/最小值属性。

（6）内部数据对象：在 MCGS 系统内部，除了用户定义的数据对象外，还定义了一些供用户直接使用的数据对象，用于读取系统内部设定的参数，称为内部数据对象。MCGS 共定义了 13 个内部数据对象，其意义见表 1.1。

内部数据对象不同于用户定义的数据对象，它作为系统内部变量，只有值属性，没有工程单位、最大值、最小值和报警属性，并且可在用户窗口、脚本程序中自由使用，但其值是由系统生成的，用户不能修改。内部数据对象的名字都以符号"$"开头，如 $ Date，以区别于用户自定义的数据对象。

表1.1　内部数据对象的名称、意义及类型

内部数据对象	意　　义	类型
$ Date	读取当前时间："日期"，字符串格式为"××××年××月××日"，年用4位数表示，月、日用2位数表示，如"2007年09月09日"	字符型
$ Day	读取计算机系统内部的当前时间："日"（1～31）	数值型
$ Hour	读取计算机系统内部的当前时间："时"（0～23）	数值型
$ Minute	读取计算机系统内部的当前时间："分"（0～59）	数值型
$ Month	读取计算机系统内部的当前时间："月"（1～12）	数值型
$ PageNum	表示打印时的页号，当系统打印完一个用户窗口后，$ PageNum的值自动加1。用户可在用户窗口中用此数据对象来组态打印页的页码	数值型
$ RunTime	读取应用系统启动后所运行的秒数	数值型
$ Second	读取当前时间："秒数"（0～59）	数值型
$ Time	读取当前时间："时刻"，字符串格式为"时：分：秒"，时、分、秒均用2位数表示，如"20：12：39"	字符型
$ Timer	读取自午夜以来所经过的秒数	数值型
$ UserName	记录当前用户的名字。若没有用户登录或用户已退出登录，"$ User-Name"为空字符串	字符型
$ Week	读取计算机系统内部的当前时间："星期"（1～7）	数值型
$ Year	读取计算机系统内部的当前时间："年"（1 111～9 999）	数值型

内部数据对象一般只具有只读属性，即可以读取其相关数值或字符，其数据为系统的内部设定值。在组态时可以调用这些数据对象的值，一般是在用户窗口中显示系统的设定值，如日期、时刻等，或者在脚本程序中应用语言将系统变量为某个用户变量赋值。在脚本程序中，需要用到系统变量并对其进行合理组合搭配时，可以通过赋值语句实现内部数据对象的调用。

2. 动画图形的制作

1）图形构件的建立

在用户窗口中，创建图形对象之前，需要从工具箱中选取需要的图形构件，以便进行图形对象的创建工作。MCGS提供了两个绘图工具箱：一是放置图元和动画构件的绘图工具箱，二是常用图符工具箱，如图1.1所示。

打开这两个工具箱的方法是：先打开需要编辑的用户窗口，再单击工具条中的 图标，即可打开绘图工具箱，在绘图工具箱中单击 按钮，即可打开常用图符工具箱。从这两个工具箱中可以选取所需的构件或图符，利用鼠标在用户窗口中拖曳出一定大小的图形，就创建了一个图形对象。

还可利用系统工具箱中提供的各种图元和图符来建立图形对象，通过组合排列的方式画出新的图形，方法是：全部选中待合成的图元后，执行"排列"菜单中的"构成图符"命令，即可构成新的图符；如果要修改新建的图符或者取消新图符的组合，执行"排列"菜

(a)　　　　　　　　　(b)

图 1.1　工具箱及常用图符
(a) 绘图工具箱；(b) 常用图符工具箱

单中的"分解图符"命令，可以把新建的图符分解成组成它的图元和图符。详细讲解参见项目三。

2）对象元件库管理

MCGS 中有一个图形库，称为"对象元件库"。对象元件库中已经把常用的、制作好的图形对象存入其中，需要时，再从元件库中取出直接使用。对象元件库中提供了多种类型的实物图形，包括的图形类型有"阀""刻度""泵""反应器""储藏罐""仪表""电气符号""模块""游标"等 20 余类，图形对象有几百种，用户可以按照需要任意选择。

从对象元件库中读取图形对象的操作方法是：单击工具箱中的图标，弹出"对象元件库管理"窗口，如图 1.2 所示，选中对象类型后，从相应的元件列表中选择所需的图形对象，单击"确认"按钮，即可将该图形对象放置在用户窗口中。

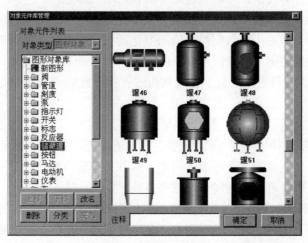

图 1.2　对象元件列表

也可在用户窗口中，利用绘图工具箱和图符工具箱自行设计所需的图形对象，再插入对象元件库中。方法是：先选中所要插入的图形对象，再单击绘图工具箱的图标，把新建的图像对象加入元件库的指定位置，还可以在"对象元件库"管理窗口中对新放置的图形对象进行修改名字、移动位置等操作。

3）标签构件的属性及动画连接

（1）标签构件的基本属性。

标签构件主要用于在用户窗口中显示一些说明文字，也可显示数据或字符。标签构件的属性包括静态属性和动画连接动态属性。静态属性是设置标签的填充颜色、字体颜色、边线的类型和颜色等。动画连接动态属性主要是设置标签构件在系统运行时的动画效果，其动画连接主要包括3种：颜色动画连接、位置动画连接和输入/输出动画连接。

所谓动画连接，实际上是将用户窗口内创建的图形对象与实时数据库中定义的数据对象建立对应的关系，在不同的数值区间内设置不同的图形状态属性（如颜色、大小、位置移动、可见度、闪烁效果等），将物理对象的特征参数以动画图形的方式来进行描述。这样，在系统运行过程中，用数据对象的值驱动图形对象的状态改变，进而产生形象逼真的动画效果。

在通常情况下，组态画面的动画效果依赖于用户窗口中的图形动画构件和实时数据库中的数据对象之间建立的某种关系。一个图元、图符对象可以同时定义多种动画连接，由图元、图符组合而成图形对象，最终的动画效果是多种动画连接方式的组合效果。根据实际需要，灵活地对图形对象定义动画连接，就可以呈现出各种逼真的动画效果。

（2）标签构件的动画连接。

①颜色动画连接：包括填充颜色、边线颜色、字符颜色。

3种动画连接的属性设置均类似，连接的数据对象可以是一个表达式，用表达式的值来决定图形对象的填充颜色。表达式的值为数值型时，最多可以定义32个分段点，每个分段点对应一种颜色；表达式的值为开关型时，只能定义两个分段点，即0或1两种填充颜色。

在"属性设置"选项卡中，还可以进行以下操作：单击"增加"按钮，增加一个新的分段点；单击"删除"按钮，删除指定的分段点；双击分段点的值，可以设置分段点数值；双击颜色栏，弹出色标列表框，可以设定图形对象的填充颜色。

②位置动画连接：水平移动、垂直移动、大小变化。

使图形对象的位置和大小随数据对象值的变化而变化。通过控制数据对象值的大小和值的变化速度，能精确地控制所对应图形对象的大小、位置及其变化速度。

3种动画连接的属性设置均类似，在动画组态属性设置的"大小变化"页中可以设置变化方向和变化方式。

③输入/输出连接：显示输出、按钮输入、按钮动作。

"显示输出"选项卡如图1.3（a）所示，它只适用于"标签"图元，显示表达式的结果。对字符型输出值，直接把字符串显示出来，对开关型输出值，应分别指定开和关时所显示的内容。此外，还可以设置图元输出的对齐方式。

"按钮输入"选项卡如图1.3（b）所示，它使图形对象具有输入功能，在系统运行时，当鼠标移动到该对象上面时，光标的形状由"箭头"形变成"手掌"形状，此时单击鼠标左键，则弹出输入对话框，对话框的形式由数据对象的类型决定。

按钮动作的方式不同于按钮输入,"按钮动作"选项卡如图1.3(c)所示,设置方法可以参考标准按钮构件操作属性的设置方法。

  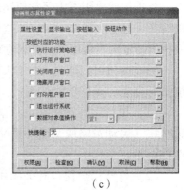

(a) (b) (c)

图1.3 输入/输出连接属性设置窗口

(a)"显示输出"选项卡;(b)"按钮输入"选项卡;(c)"按钮动作"选项卡

④特殊动画连接:可见度变化、闪烁效果。

特殊动画连接用于实现图元、图符对象的可见与不可见交替变换和图形闪烁效果,图形的可见度变化也是闪烁动画的一种。在MCGS中,对每个图元、图符对象都可以定义特殊动画连接的方式。其属性设置窗口如图1.4所示。

 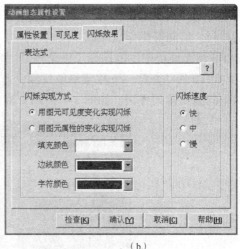

(a) (b)

图1.4 特殊动画连接属性设置窗口

(a)"可见度"选项卡;(b)"闪烁效果"选项卡

可见度的属性设置方法是:在"表达式"区域将图元、图符对象的可见度和数据对象构成的表达式建立连接,而在"当表达式非零时"选项区中,根据表达式的结果选择图形对象的可见度方式。

实现闪烁的动画效果有两种方法。一种是不断改变图元、图符对象的可见度来实现闪烁效果,另一种是不断改变图元、图符对象的填充颜色、边线颜色或者字符颜色来实现闪烁效果。图形对象的闪烁速度是可以调节的,MCGS给出了快速、中速和慢速三档闪烁速度以供调节。在系统运行状态下,当所连接的数据对象构成的表达式的值非零时,图形对象就以设定的速度开始闪烁，而当表达式的值为"0"时，图形对象就停止闪烁。

4) 标准按钮的属性

标准按钮是组态中经常使用的一种图形构件，其作用是在系统运行时通过单击用户窗口中的按钮进行一次操作。对应的按钮动作有：执行一个运行策略块、打开/关闭指定的用户窗口及执行特定脚本程序等。其属性设置包括基本属性、操作属性、脚本程序和可见度属性。

标准按钮可以通过其操作属性的设置同时指定几种功能，运行时，构件将逐一执行。它能执行完成的操作功能如下：

（1）执行运行策略块：只能指定用户所建立的用户策略，包括 MCGS 系统固有的 3 个策略块（启动策略块、循环策略块、退出策略块）在内的其他类型的策略不能被标准按钮构件调用。

（2）打开用户窗口和关闭用户窗口：可以设置打开或关闭一个指定的用户窗口。

（3）隐藏用户窗口：隐藏所选择的用户窗口界面，但是该窗口中的内容仍然执行。

（4）对数据对象的操作：一般用于对开关型对象的值进行取反、清 0、置 1 等操作。"按 1 松 0"操作表示鼠标在构件上按下不放时，对应数据对象的值为"1"，而松开时，对应数据对象的值为"0"；"按 0 松 1"操作则相反。

（5）退出系统：用于退出运行系统。

（6）快捷键：制定标准按钮构件所对应的键盘操作。

3. 图形对象的排列方法

在进行用户窗口的设计时，常常会根据需要对特定的图形或多个图形通过组合、分解或必要的排列、旋转等操作以形成生动的动画效果，这也是组态过程中一个必不可少的步骤。

MCGS 组态环境中专门设计了一个辅助图形对象编辑的"绘图编辑条"，在进行用户窗口设计时可以在"查看"下拉菜单中找到，此外，也可以在"排列"下拉菜单中找到所有与其对应的图形排列方法，如图 1.5 所示，其对应的功能见表 1.2。

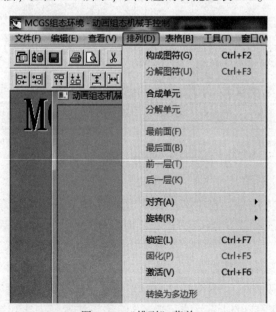

图 1.5 "排列"菜单

表1.2 "排列"菜单功能介绍

菜单名			功能说明
构成图符			多个图元或图符构成新的图符
分解图符			把图符分解成单个的图元
合成单元			多个单元合成一个新的单元
分解单元			把一个合成单元分解成多个单元
最前面			把指定的图形对象移到最前面
最后面			把指定的图形对象移到最后面
前一层			把指定的图形对象前移一层
后一层			把指定的图形对象后移一层
对齐		左对齐	多个图形对象和当前对象左边对齐
		右对齐	多个图形对象和当前对象右边对齐
		上对齐	多个图形对象和当前对象上边对齐
		下对齐	多个图形对象和当前对象下边对齐
		纵向等间距	多个图形对象纵向等间距分布
		横向等间距	多个图形对象横向等间距分布
		等高宽	多个图形对象和当前对象高宽相等
		等高	多个图形对象和当前对象高度相等
		等宽	多个图形对象和当前对象宽度相等
		窗口对中	多个图形对象和当前对象中心对齐
		纵向对中	多个图形对象和当前对象纵向对齐
		横向对中	多个图形对象和当前对象横向对齐
旋转		左旋90度	当前对象左旋90度
		右旋90度	当前对象右旋90度
		左右镜像	当前对象左右镜像
		上下镜像	当前对象上下镜像
锁定			锁定制定的图形对象
固化			固化制定的图形对象
激活			激活所有固化的图形对象
装换为多边形			转换为多边形

1）多个图形对象的组合、分解

组合图形对象即把多个图形对象按照需要组合成一个组合图符，以便形成一个比较复杂的、可以按比例缩放的图形元素，分解图形对象与组合图形对象正好相反，可以把一个复杂的图形分解成若干个图符。这两种方法在用户窗口组态时经常使用。

"构成图符"用于把选定的多个图元或图符组合成新的图符。在新图符中，各个图元、图符的位置关系及大小比例将保持不变。此命令适用于把由基本图元搭成的复杂图形定制成一个单独的图符，以便设计者使用移动、拷贝、删除等操作命令。而对于由多个图元、图符组合成的图符，可以使用"分解图符"命令，将其分解，复原为原来的单个图形对象。此命令只适用于图元、图符对象，不适用于动画构件对象，执行此命令之前，需要先选定一组图元、图符对象，否则此命令无效。

使用此命令时应注意其与"合成单元"命令的区别，单元可以由图元、图符对象、动画构件对象组合而成，图符只能由基本图元组成。"合成单元"是把用户窗口中的多个对象合成一个单元，组成单元的每个对象仍保持原有动画属性不变。

2）多个图形对象的对齐和旋转方法

当在用户窗口中绘制了多个图形对象后，可以把当前对象作为基准，对被选中的多个图形对象进行相对位置和大小的关系调整，包括排列对齐，中心点以及等高、等宽等一系列操作，同时可以对图形对象进行左、右90度和上、下镜像的旋转，以获得必要的图形效果。

3）多个图形对象的叠加用法

在上面提到的多个图形对象进行组合构成图符的过程中，还要考虑多个对象的叠加。MCGS对图形叠放层次提供了4种选择：前一层、后一层、最前面和最后面。这4种叠放层次可以把多个图形根据需要进行叠加，形成一个新的图元，以符合系统需要。

4）图形构件的锁定、固化和激活方法

当图形对象设计完毕后，可以锁定对象的位置和大小，使用户在设计时没有解锁即不能对其进行修改，以避免编辑时因误操作而破坏组态完好的图形。图形被锁定后仍然可以激活，并可以改变它的颜色和动画等属性。如果当前对象处于被锁定状态，执行"锁定"命令，则解除对象的锁定状态。固化对象的含义是，当图形对象被固化后用户就不能选中它，也不能对其进行各种编辑工作。在组态过程中，一般把作为背景用途的图形对象加以固化，以免影响其他图形对象的编辑工作。激活的作用与固化正好相反，可以对固化过的图形对象激活后进行编辑。

1.3 项目分析

根据控制要求，初步设计的水泵运行监控系统工程参考画面如图1.6所示，画面中设计了1个水箱、1台水泵、2个按钮、2个指示灯等。

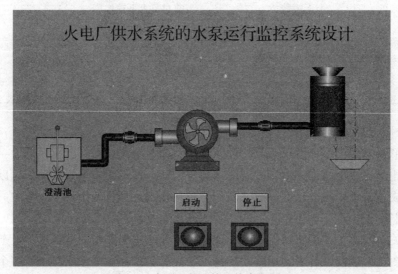

图1.6 水泵运行监控系统参考画面

1. 工程框架分析
(1) 需要一个用户窗口及实时数据库。
(2) 需要一个循环策略。
(3) 循环策略中使用脚本程序构件。
2. 图形制作分析（表1.3）

表1.3 用户窗口中图形元件的实现方法

用户窗口	图形中的元件	实现方法
电厂供水系统的水泵运行监控系统设计	水泵	由对象元件库引入
	水箱	由对象元件库引入
	文字	标签构件
	按钮	由工具箱添加
	指示灯	由对象元件库引入
	澄清池	由工具箱添加

1.4 项目实施

1. 工程建立

双击桌面上的"MCGS 组态环境"快捷图标，即可进入通用版的组态环境界面。选择"文件"→"新建工程"菜单命令，如果 MCGS 安装在 D 盘根目录下，会在"D:\MCGS\Work\"下自动生成新工程文件，默认工程名为"新建工程 X. MCC"（X 为新建工程的序号，如 0，1，2，…），将工程名改为"水泵运行监视控制"，单击"保存"按钮，则工程保存在默认路径下（D:\MCGS\Work\水泵运行监视控制），如图 1.7 所示。

图 1.7 新建工程并保存

注意：保存 MCGS 工程时，工程文件名及保存路径中不能出现空格，否则无法运行，所以工程不能保存到桌面上。

2. 定义数据对象

1）初步确定系统数据对象

结合水泵监控系统的分析与要求，其定义数据对象见表1.4。

创建数据对象

表 1.4　水泵监控系统数据变量表

数据变量名称	类　型	注　　释
启动	开关型	水泵启动控制信号，1 有效，0 无效
停止	开关型	水泵停止控制信号，1 有效，0 无效
X	数值型	水泵内的扇片
水泵	开关型	水泵状态信号
水位	数值型	模拟水箱的水位变化

2）定义实时数据库中的数据对象

数据对象的定义包括在实时数据库中添加数据对象和设置数据对象属性两项内容。

（1）添加数据对象。

①单击"动画组态工具条"中的"工作台"按钮　，打开"工作台"窗口，如图 1.8 所示。

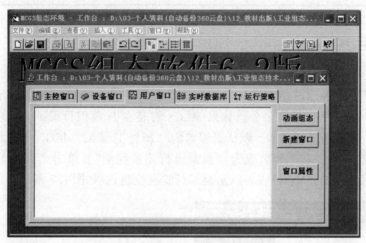

图 1.8　组态软件"工作台"窗口

②打开"工作台"窗口的"实时数据库"选项卡，如图 1.9 所示。数据库中列出了系统已有的数据对象，这些是系统内部建立的数据对象。

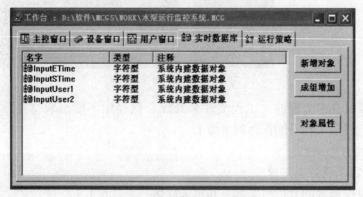

图 1.9　"实时数据库"选项卡

③单击选项卡右侧的"新增对象"按钮,在数据对象列表中即可增加多个新的数据对象,如图 1.10 所示。

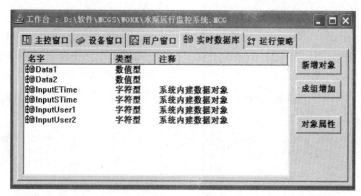

图 1.10 新增数据对象

(2) 数据对象的属性设置。

在建好的实时数据库中选中相应的数据对象,通过单击右侧选项卡的"对象属性"按钮或直接双击该数据对象均可打开"数据对象属性设置"对话框进行设置。

水泵监控系统的数据对象均为开关型,见表 1.4。

①"启动"按钮变量的属性设置。双击"实时数据库"选项卡中的新增数据对象"Data1",在弹出的"数据对象属性设置"对话框中,将"对象名称"更改为"启动",将"对象初值"设为"0",在"对象类型"选项中选中"开关"单选按钮,在"对象内容注释"文本框中输入说明性文字,由用户自行添加,如图 1.11 (a) 所示。

②"停止"按钮变量的属性设置。双击"实时数据库"选项卡中的新增数据对象"Data2",弹出"数据对象属性设置"对话框,具体设置如图 1.11 (b) 所示。"水泵"变量定义相同。

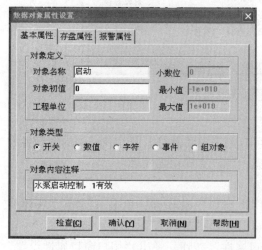 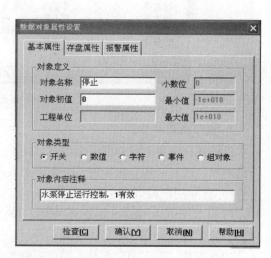

图 1.11 开关型数据库变量基本属性设置
(a)"启动"变量的属性设置;(b)"停止"变量的属性设置

③"水位""X"变量的属性设置同"启动""停止"变量的属性设置过程类似,在

"对象名称"中输入"水位""X",对象类型选择"数值",如图 1.12 所示。

图 1.12 "数值型"数据变量的属性设置

所有相关数据对象的属性设置完毕后,单击工具栏的"保存"按钮进行存盘操作。本系统实时数据库的建立如图 1.13 所示。

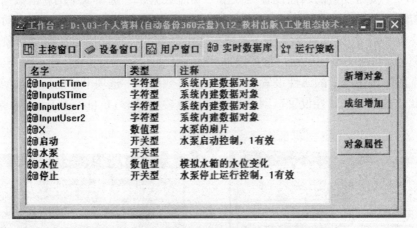

图 1.13 水泵监控系统实时数据库中的数据对象

3. 监控画面制作

工程画面需要在用户窗口中编辑。用户窗口可以用来放置图符、图元和动画构件等各种图形对象,通过对用户窗口内多个图形对象的组态,可以实现动画效果。

1) 建立用户窗口

(1) 双击进入 MCGS 组态环境后,单击"用户窗口"选项卡,单击右侧的"新建窗口"按钮,即可创建一个名为"窗口0"的用户窗口,如图 1.14 所示。

(2) 选中"窗口0"图标,单击右侧的"窗口属性"按钮,弹出"用户窗口属性设置"对话框,在"基本属性"选项卡中,将"窗口名称"更改为"水泵运行控制";"窗口背景"可根据用户需要更改窗口的背景颜色;在"窗口位置"选项区选择"最大化显示"选项,其他属性设置不变,如图 1.15 所示,单击"确认"按钮。

创建用户窗口

图1.14 新建用户窗口

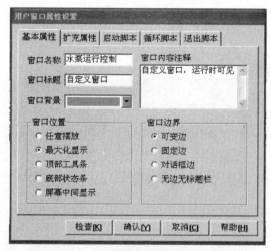

图1.15 "用户窗口属性设置"对话框

（3）在"工作台"的"用户窗口"选项卡中，选中"水泵运行控制"窗口图标并单击鼠标右键，选择"设置为启动窗口"命令，这样再进入MCGS运行环境时，将自动加载该窗口，如图1.16所示。

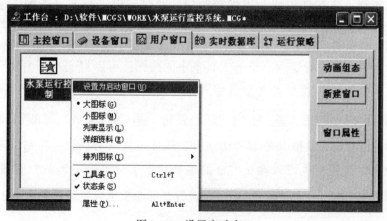

图1.16 设置启动窗口

2）编辑工程画面

MCGS 在用户窗口的动画组态界面中提供了常用的绘图工具箱，如各种图元、图符、组合图形及位图图符等，以及"绘图编辑条"，如对其方式、叠放顺序、宽窄设置、图符进行构成与分解等。

（1）文字标签的制作。

①双击"水泵运行控制"图标或打开工作台的"用户窗口"选项卡，选中"水泵运行控制"图标，单击右侧的"动画组态"按钮，均可进入其"动画组态水泵运行控制"窗口，进行画面编辑。

②单击工具条中的"工具箱"按钮 ![icon]，打开绘图工具箱，如图 1.17 所示。单击"工具箱"中的"标签"按钮 ![A]，在窗口中会出现"十"字光标，将光标移动到合适的位置，并拖曳一定大小的矩形框，松开鼠标，在文本框内输入文字"电厂供水系统的水泵运行监控系统设计"即可，如图 1.18 所示。

图 1.17　工具箱　　　　　　图 1.18　输入文字标签

（2）文字的编辑与修改。

①单击文本框，文本框边线会出现控制块，此时可以进行文字的编辑，如图 1.19 所示。

②在文本框编辑的状态下单击鼠标右键，在快捷菜单中选择"改字符"命令，即可对文字内容进行修改。单击工具条中的按钮，可以对文本框中文字的颜色、字体、大小、文本框的边线线型及文字的位置进行设置，如按钮 ![icon] 为"字符色"、按钮 ![Aa] 为"字符字体"、按钮 ![icon] 为"线型"、按钮 ![icon] 为"对齐"，如图 1.20 所示。

③用鼠标左键双击文本框，弹出"动画组态属性设置"对话框，可对文本框的填充颜色和边线颜色进行设置，也可以在文本框的编辑状态下，单击工具条中的按钮 ![icon]（为"填充色"）和按钮 ![icon]（为"线色"）进行设置。标题文本标签设置如图 1.21 所示。

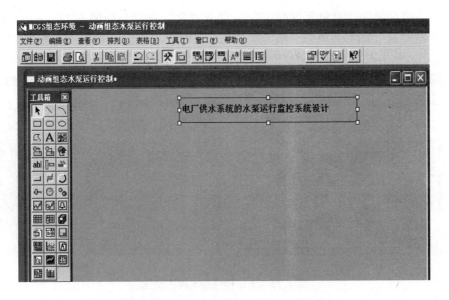

图 1.19 工程画面编辑环境及文字编辑

图 1.20 编辑文字的快捷工具

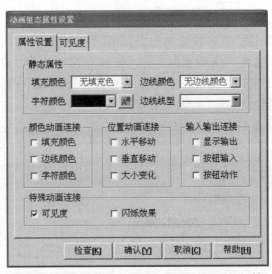

图 1.21 文本标签的"动画组态属性设置"对话框

(3) 水泵的绘制。

在 MCGS 中，为方便用户编辑画面时使用各种图元和图符对象，库中提供了"对象元件库"管理。用户还可以把组态完好的图元和动画构件对象、图符对象以及整个用户窗口存入对象元件库中，以便需要时使用。

①单击绘图工具箱中的"插入元件"按钮 ，弹出"对象元件库管理"对话框。

对象元件库

②在对话框左侧的"对象元件列表"中双击"泵"选项，如图1.22（a）所示。在右侧列表中单击"泵"图符，单击"确定"按钮，此时在水泵运行控制动画组态窗口中出现"水泵"图形。单击水泵图形可调整位置和大小，如图1.22（b）所示。

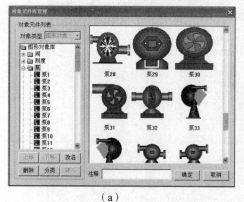

（a） （b）

图1.22 水泵构件基本属性设置

（a）"对象元件库管理"对话框；（b）动画组态窗口中的水泵

（4）按钮的绘制。

在水泵运行系统中，需要"启动"和"停止"按钮分别控制水泵的启动运行和停止。

按钮指示灯

①单击绘图工具箱中的 ▢ 按钮，在窗口中出现"十"字光标，按鼠标左键并拖动矩形，即可出现一定大小的按钮图符。

②设置按钮的基本属性。双击按钮图符，弹出"标准按钮构件属性设置"对话框，如图1.23所示。在"基本属性"选项卡中，将"按钮标题"改为"启动"；在"按钮类型"选项区中选择"标准3D按钮"选项；在"水平对齐"选项区中选择"中对齐"选项；标题颜色及字体可自行设置，单击"确认"按钮。

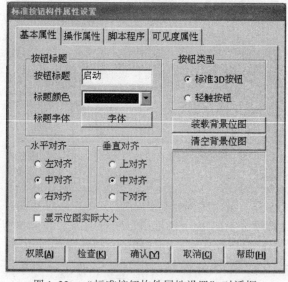

图1.23 "标准按钮构件属性设置"对话框

"停止"按钮的绘制使用上述同样的方法,也可采用复制"启动"按钮的方法,执行"粘贴"→"修改"命令即可。

(5) 指示灯的绘制。

系统中需要"启动"和"停止"两种状态的指示灯。

单击绘图工具箱中的"　　"按钮,弹出"对象元件库管理"对话框,在列表中,双击"指示灯"选项,然后在后侧的列表中选择"指示灯2"到动画组态窗口中,单击鼠标右键复制并粘贴同一指示灯,同时选中两个灯,单击鼠标右键选择"排列"→"对齐"→"图元等高宽"选项,并将两个指示灯放置在合适的位置。

(6) 管路的绘制。

单击工具箱中的流动块图标　　,在用户窗口中需要绘制管道的起始位置单击鼠标,然后在管道弯道处再单击鼠标,即可绘制一段直管道,按照此方法继续单击鼠标,直到整条管道绘制完毕,按 Esc 键,或者在管道的终点处双击鼠标,退出管道的编辑。双击绘制好的管道,进入"流动块构件属性设置"窗口,如图1.24所示,对流动块的"流动外观""流动方向""流动速度"等进行编辑。

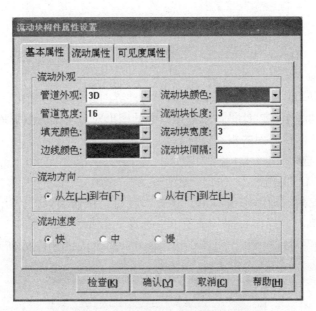

流动块

图 1.24 "流动块构件属性设置"对话框

(7) 澄清池的绘制。

澄清池在对象元件库中和工具箱中均找不到一样的构件,因此需要通过绘图工具自行绘制。单击工具条中的"常用符号"图标　　,打开常用图符工具箱,其提供了绘图中常用的图形符号。澄清池需要3个不同大小的矩形框。对于矩形框,可以在工具箱中单击"矩形"图标　　,然后在用户窗口中的空白处绘制3个大小合适的矩形框,双击最大的矩形框,设置其"填充颜色"为"无填充颜色",设置其"边线颜色"为"褐色",其余设置不变,然后单击"动画工具条"中的"置于最后一层"图标　　,将最大的矩形框排列在几个矩形框的最后一层，然后在"常用图符"工具条中选择 图标，在矩形框下方的合适位置绘制；在"对象元件库"中选择"搅拌器4"。

选中全部绘制好的图符，单击鼠标右键，选择"排列"→"合成单元"选项。选中新图符，单击工具箱中的"保存元件"图标 ，将新图符保存在"对象元件库"中，在以后的组态过程中就可以直接选用了。如图1.25所示，单击对象元件列表最下方的"改名"按钮，将"新图形"改成"澄清池"，单击"确定"按钮，完成新图形的添加。

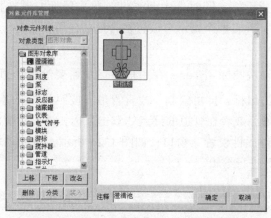

创建图形元件

图1.25　在"对象元件库"中添加新图形

4. 界面的组态设计

为了使画面具有动画效果，从而模拟真实的外界对象的状态变化，达到实时监控的目的，在 MCGS 中，动画组态设计是将用户窗口中的图形对象与实时数据库中的数据对象建立相关性连接，并设置监控界面的组态设计。

1）按钮的组态连接

（1）"启动"按钮的连接。

①在水泵运行控制动画组态窗口中，双击"启动"按钮图标，弹出"标准按钮构件属性设置"对话框。单击"操作属性"选项卡，选择"数据对象值操作"复选框，并在右侧下拉列表框中单击下拉按钮 ，选择"按1松0"选项，如图1.26所示。

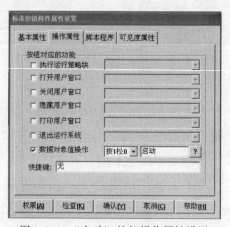

数据对象连接

图1.26　"启动"按钮操作属性设置

②单击右侧文本框的"?"按钮,在实时数据库中双击"启动"变量,单击"确认"按钮退出。

(2)"停止"按钮的连接。

使用同样的方法设置"停止"按钮连接,选中"数据对象值操作"复选框,并在右侧下拉列表框中单击下拉按钮 ▼ ,选择"按1松0"选项。单击右侧文本框的"?"按钮,在实时数据库中双击"停止"变量,单击"确认"按钮完成设置,如图1.27所示。

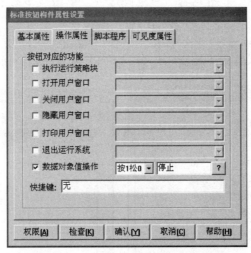

图1.27 "停止"按钮操作属性设置

这样,画面中的"启动"与"停止"按钮分别与实时数据库中的"启动"与"停止"变量建立了关系。

2)指示灯的组态连接

(1)启动指示灯的连接。

①双击启动"指示灯"图符,弹出"单元属性设置"对话框。

②打开"动画连接"选项卡,如图1.28所示。

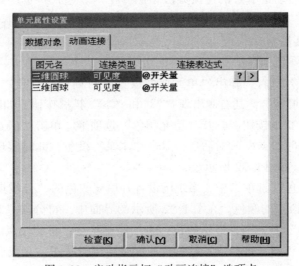

图1.28 启动指示灯"动画连接"选项卡

③单击选项卡中的第一个图元名"三维圆球",其右侧出现"?"和">"扩展按钮。

④单击">"扩展按钮,弹出"动画组态属性设置"对话框,单击并打开"可见度"标签与选项卡。

⑤单击表达式文本框右侧的"?"按钮,弹出"实时数据库"对话框,选择"启动"变量;选中单选按钮"对应图符可见",单击"确认"按钮,返回"动画连接"选项卡,如图1.29所示。

⑥单击选项卡中的第二个图元名"三维圆球",单击">"扩展按钮,在"表达式"框中选择数据对象为"启动";选中单选按钮"对应图符不可见",单击"确认"按钮并返回到"动画连接"选项卡,再次单击"确认"按钮,启动指示灯组态连接完成,如图1.30所示。单击工具条中的"保存"按钮,对设置结果进行阶段性保存。

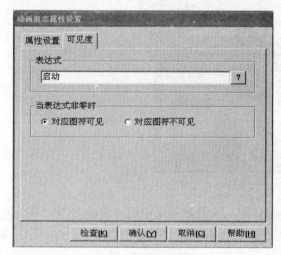
图1.29 "可见度"选项卡

图1.30 启动指示灯组态连接结果

(2) 停止指示灯的连接。

动画连接方法与启动指示灯的连接方法相似,在"表达式"框中选择数据对象为"停止"。

3) 水泵的组态连接

其主要采用不同颜色来表示水泵运行和停止的两种状态。

(1) 双击"水泵"图符,弹出"单元属性设置"对话框,打开"动画连接"选项卡,单击第一行图元名"椭圆",其右侧出现"?"和">"扩展按钮,如图1.31所示。

(2) 单击">"扩展按钮,打开"填充颜色"选项卡,单击"表达式"文本框右侧的"?"按钮,弹出"实时数据库"对话框,双击"水泵"变量,此时实现了"水泵"图符与"水泵"变量的连接,如图1.32所示。

(3) 在"填充颜色"选项卡中,系统已设置好填充颜色的"分段点"和"对应颜色",用户可自行调整各分段点的颜色。在图1.32所示的界面中,将分段点0设置为绿色,即当"水泵"变量值为"0"时,水泵显示绿色,表示停止状态;将分段点1设置为蓝色,即当"水泵"变量值为"1"时,水泵显示蓝色,表示启动运行状态。完成后,单击"确认"按钮退出。

图1.31 水泵单元属性设置

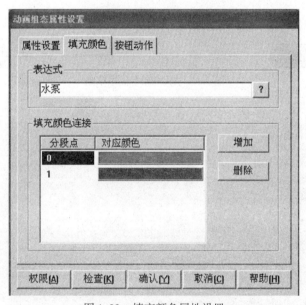

图1.32 填充颜色属性设置

4）拓展思维

若使水泵叶片动态旋转显示，该如何设置呢？这就要用到组态的运行策略中的脚本程序构件了，下面只给出简单的操作方法，对于脚本程序以及运行策略的知识将在下一个项目中详细介绍。

（1）水泵内扇片的连接。

①启动时扇片的旋转。

为了让水泵内的扇片在旋转时出现连续的效果，先将水泵分解单元后，分别双击其中一对扇片，在弹出的"动画组态属性设置"对话框中，选择"可见度"选项卡，设置"表达式"为"X=1",在"当表达式非零时"选项区中选择"对应图符可见"选项。

用同样的方法设置另外一对扇片,不同的是在"可见度"选项卡中设置,"表达式"为"X=2"。设置完毕后,将4个扇片合成单元。

②停止时水泵内出现扇片效果。

将合成后的扇片用"复制"→"粘贴"命令放到界面后,利用分解单元,分别对4个扇片设置"表达式"为"X=0",在将4个扇片进行合成单元后,放置在原水泵内扇片之上即可。

(2) 添加脚本程序策略行。

①在"工作台"窗口中打开"运行策略"选项卡,双击"循环策略"选项,进入循环策略的"策略组态"窗口中,单击 图标,打开循环策略属性设置窗口,将循环时间改为"50 ms",单击鼠标右键,选择"新增策略行"命令。

②单击策略行末端的方块,使其变成蓝色,表示被选中,然后在策略工具箱中双击"脚本程序"选项,脚本程序被添加到策略行上,如图1.33所示。双击策略行末端的"脚本程序"选项,即可打开程序编辑环境。如果需要增加新策略行,可使用同样的方法操作。

脚本语句

图1.33 添加脚本程序策略

(3) 编辑脚本程序。

```
IF 启动 = 1 THEN
   水泵 = 1
ENDIF
IF 停止 = 1 THEN
    水泵 = 0
    水位 = 0
ENDIF
IF 水泵 = 1 AND 水位 < 100 THEN
    水位 = 水位 + 1
else
    水位 = 0
ENDIF


IF 水泵 = 1 THEN
    IF X > = 0 and X < 3 THEN
      X = X + 1
```

```
        else
            X = 1
        ENDIF
    ENDIF
IF 水泵 = 0 THEN
    X = 0
ENDIF
```

编辑完成后,单击右下角的"确定"按钮即可保存操作。

5. 监控系统的整体调试

保存操作后,再按 F5 键,进入组态运行环境观察水泵的状态。单击组态运行环境中的"启动"按钮,观察水泵是否启动运行、指示灯是否有指示、"泵体"颜色是否变化。单击"停止"按钮,观察水泵是否停止运行。

在运行环境中,单击画面中的两个按钮,观察水泵运行时"泵体"变为蓝色,表示水泵在运行,同时水箱内液位上升。与其相对应的指示灯的状态也在变化。若通过调试观察到水泵根本不转,思考其原因。

结合脚本程序修改指示灯的动画连接:分别双击两个"指示灯"图符,将表达式由"启动"改为"水泵 = 1"以及由"停止"改为"水泵 = 0"。

若结果不符,主要检查水泵设置及脚本程序,分析原因,修改后继续运行,直到结果正确为止。

1.5 问题与思考

(1) 如何创建和保存工程?
(2) 如何修改组态窗口的背景颜色?
(3) 如何插入组态完好的图符对象、动画构件对象?
(4) 如何设置组态画面中按钮对灯的各种控制?
(5) 如何创建新图符,并将其添加到图形对象元件库中?
(6) 进入运行环境,熟悉调试的方法和步骤。

实践项目 1　车库自动监控系统设计

1. 控制要求

利用 MCGS 完成自动车库的监控系统,实现以下功能:
(1) 车到门前,车灯亮 3 次。
(2) 车位传感器接收到 3 个车灯的亮、灭信号后,车库门自动上卷,动作指示灯亮。
(3) 门上行碰到上限位开关,门全部打开,此时停止上行。
(4) 车进入车库,车位传感器检测到车停到车位,门自动下行,动作指示灯亮。
(5) 门下行碰到下限位开关,门全部关闭,此时停止下行。
(6) 车库内和车库外还设有手动控制开关,可以控制门的开、关和停止。

2. 参考画面（图1.34）

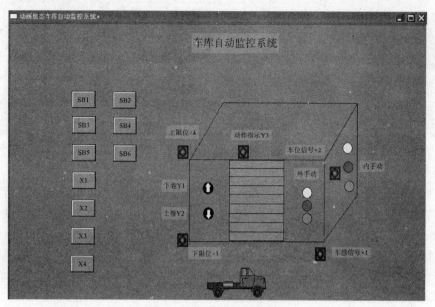

图1.34 车库自动监控系统

项目二

变电站供电系统运行监控

2.1 项目导入

1. 学习目标

（1）熟悉供电系统的工艺流程及功能；
（2）熟练使用 MCGS 组态软件绘制供电系统监控画面；
（3）熟练掌握运行策略脚本程序的使用；
（4）掌握供电系统的组态与调试方法。

2. 项目描述

变电站是联系发电厂和用户的中间环节，起着变换和分配电能的作用。供电的中断将使生产停顿、生活混乱，甚至危及人身和设备的安全，产生十分严重的后果。停电给国民经济造成的损失远远超过电力系统本身的损失。因此，电力系统运行首先要满足可靠、持续供电的要求。

本项目来源于 110 kV 变电站的设计，其主接线图如图 2.1 所示，本项目选取 10 kV 的供电线路的监控设计。

本项目采用备用电源自动投入装置。备用电源自动投入装置是指当工作电源因故障被断开以后，能迅速自动地将备用电源投入或将用电设备自动切换到备用电源上去，以使用户不至于停电的一种自动装置，简称"备自投"。变电所内有两台主变压器，正常运行时为两台变压器分裂运行，其备用方式为互为备用的"暗备用"，这大大提高了供电系统的可靠性。

本项目是设计 10 kV 供电系统的模拟监控，控制要求如下：

在计算机中显示供电系统的工作状态；要求能够查阅供电监控系统的相关资料；根据控制要求制定控制方案，利用 MCGS 进行监控画面的制作和程序的编写、调试，实现供电系统的模拟自动监控。参考画面如图 2.2 所示。

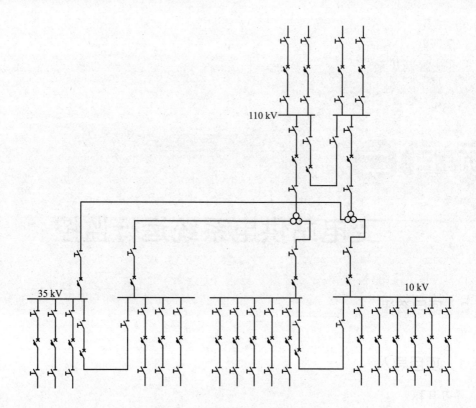

图 2.1　110 kV 变电站主接线图

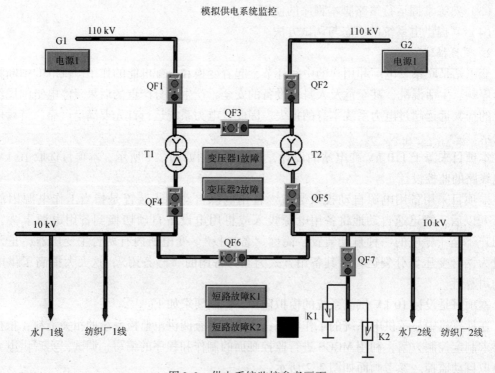

图 2.2　供电系统监控参考画面

1）初始状态

（1）两套电源均正常运行，状态检测信号 G1、G2 都为"1"。

（2）供电控制开关 QF1、QF2、QF4、QF5、QF7 都为"1"，处于合闸状态；QF3、QF6 都为"0"，处于断开状态。

（3）变压器故障信号 T1、T2 和供电线路短路信号 K1、K2 都为 0。

2）控制要求

（1）在正常情况下，系统保持初始状态，两套电源分列运行。

（2）若电源 G1、G2 有 1 个掉电（=0），则 QF1 或 QF2 跳闸，QF3 闭合。

（3）若变压器 T1、T2 有 1 个故障（=1），则 QF1 和 QF4 跳闸或 QF2 和 QF5 跳闸，QF6 闭合。

（4）若 K1 短路（=1），QF7 立即跳闸（速断保护）；若 K2 短路（=1），QF7 经 2 s 延时跳闸（过流保护）。

（5）若 G1、G2 同时掉电或 T1、T2 同时故障，QF1～QF7 全部跳闸。

2.2 项目资讯

1. 运行策略

运行策略是指对监控系统运行流程进行控制的方法和条件，能够对系统执行某项操作和实现某种功能而进行的有条件的约束。运行策略由多个复杂的功能模块组成，称为"策略块"，用来完成对系统运行流程的自由控制，使系统能按照设定的顺序和条件操作实时数据库，控制用户窗口的打开、关闭，以及控制设备构件的工作状态等，从而实现对系统工作过程的精确控制及有序的调度管理。

所谓"运行策略"，是用户为实现系统流程的自由控制，组态生成的一系列功能块的总称。在对一个实际的控制系统进行组态时，不仅要实现对系统中实时数据库和设备的组态，还要实现系统运行流程和控制策略的组态。MCGS 提供了一个进行运行策略组态的功能模块。对实际的控制系统来说，其必然是一个复杂的系统，监控系统往往被设计成多分支、多层循环嵌套式结构，按照预定的条件，对系统的运行流程及设备的运行状态进行有针对性的选择和精确的控制。

在利用 MCGS 进行控制系统的组态过程中，要根据系统的具体控制要求完成其策略的组态。在考虑一个工程中相关的控制策略时，尤其对于特别复杂的应用工程，只需定制若干能完成特定功能的构件，将其增加到 MCGS 系统中，就可使已有的监控系统增加各种灵活的控制功能，而无须对整个系统进行修改。

1）运行策略的分类与建立

在 MCGS 中，策略类型共有 7 种，即启动策略、退出策略、循环策略、用户策略、报警策略、事件策略、热键策略。在 MCGS 的工作台上，进入运行策略组态窗口后，单击"新建策略"按钮，将出现图 2.3 所示的提示窗口，从中选择需要建立的策略

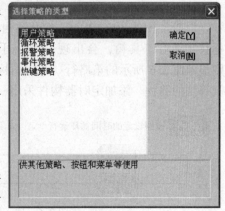

图 2.3 新建策略的策略类型

类型后，单击"确定"按钮，即可建立需要的运行策略。其中，启动策略和退出策略在用户建立工程时会自动产生，用户可根据需要对其进行组态，而不能通过新建策略来建立。

启动策略主要用来实现系统的初始化，退出策略完成系统在退出时的善后处理工作，循环策略主要完成系统的流程控制和控制算法，用户策略用来完成用户自定义的各种功能或任务，报警策略实现数据的报警存盘，事件策略实现事件的响应，热键策略实现热键的响应。

完成新建策略后即可进行运行策略的组态，其组态的基本方法是：在 MCGS 工作台的运行策略组态窗口中，双击选中的策略，或选中策略后单击"策略组态"按钮，进入策略组态窗口，如图 2.4 所示。

图 2.4　运行策略组态窗口

在策略组态窗口通过单击鼠标右键新增一个策略行，每个策略行中都有一个条件部分，构成"条件－功能"结构，每种策略可由多个策略行构成，是运行策略用来控制运行流程的主要部件，如图 2.5 所示。可以根据具体的运行策略的运行条件设定该表达式条件的属性。

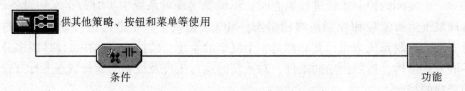

图 2.5　策略行"条件－功能"结构

以较常用的策略构件脚本程序构件为例：单击策略工具箱中的脚本程序构件，把鼠标移出策略工具箱，会出现一个小手，把小手放在功能部分的图标上，单击鼠标左键，则显示图 2.6 所示的策略行。双击图标，即可进入脚本程序编辑环境进行关于系统流程和控制算法的编程。添加定时器构件采用一样的操作方法。

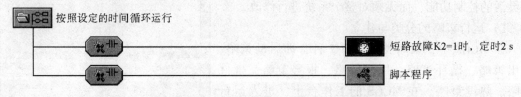

图 2.6　插入脚本程序和定时器构件的策略行

设置策略行的运行条件可以双击策略行上的图标，进入条件属性设置窗口，如图 2.7 所示，可以根据具体的运行条件设定表达式及其条件属性。

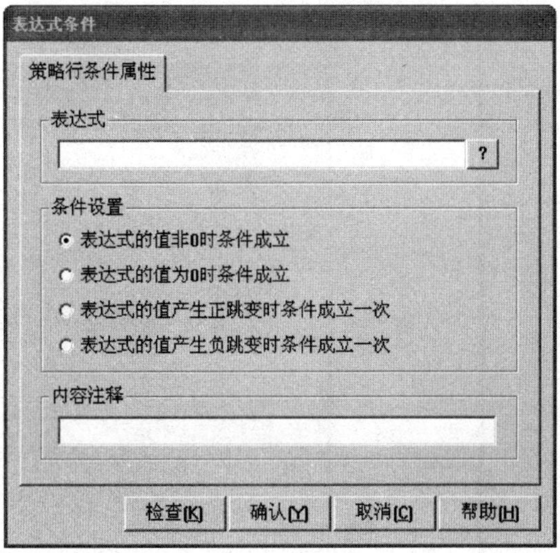

图 2.7 "策略行条件属性"选项卡

在进行控制系统的策略组态时，用户可以根据需要把灵活的控制和计算任务或控制算法通过脚本程序来实现。MCGS 的脚本程序是组态软件中的一种内置编程语言引擎，在组态时可以把脚本程序作为一个策略构件加入到一个策略行中去。

一个实际系统有 3 个固定的运行策略，即启动策略、循环策略和退出策略。系统允许用户创建或定义最多 512 个用户策略。启动策略在应用系统开始运行时调用，退出策略在应用系统退出运行时调用，循环策略由系统在运行过程中定时循环调用，用户策略供系统中的其他部件调用。

每个运行策略都包括若干策略行，用来实现该策略的控制流程和相应的功能，每个策略行都可以添加不同的策略构件。MCGS 共提供了 17 种策略构件：退出策略、音响输出、策略调用、数据对象、设备操作、脚本程序、定时器、计数器、窗口操作、Excel 报表输出、配方操作处理、存盘数据浏览、存盘数据提取、存盘数据拷贝、报警信息浏览、设置时间范围、修改数据库。这些策略构件的调用方法与脚本程序构件相同，MCGS 策略工具箱如图 2.8 所示。这些策略构件连同策略组态的结合使用，使系统组态具有很高的灵活性，可以实现复杂的控制策略。每个策略构件的功能由于篇幅的原因在此不一一介绍，读者可以参考 MCGS 的帮助文件，其中的一些常见构件的用法将会在后面的章节中介绍。

2）启动策略实现系统初始化

启动策略一般完成系统初始化功能，只在 MCGS 运行开始时自动调用执行一次。启动策略的属性设置对话框如图 2.9 所示。由于系统的启动策略只能有一个，所以策略名称是不能更改的，可以在"策略内容注释"栏中添加策略内容的相关注释，如该启动策略所要完成的任务。

3）循环策略实现设备的定时运行

在 MCGS 的运行过程中，循环策略由系统按照设定的循环周期自动循环调用，循环体内所需执行的操作和任务由用户设置。

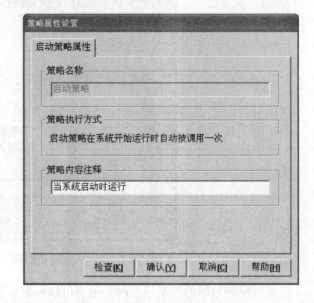

图 2.8 MCGS 策略工具箱　　　　图 2.9 启动策略的属性设置对话框

　　循环策略为系统固有策略。在一个应用系统中，用户可以定义多个循环策略，一个系统中应该至少有一个循环策略。循环策略的属性设置对话框如图 2.10 所示。

图 2.10 循环策略的属性设置对话框

　　在该对话框中可以更改循环策略的名称，可以更改策略执行方式（"定时循环执行：单位为 ms"或"在指定的固定时刻执行"），还可以添加策略内容的相关注释。
　　定时器构件主要完成关于流程控制的任务。该构件的功能是：当计时条件满足时，定时器启动，当到达设定的时间时，计时状态满足一次。定时器构件通常用于循环策略块的策略行中，作为循环执行功能构件的定时启动条件。定时器构件一般应用于需要进行时间控制的功能部件。

4）报警策略事先报警数据存盘

当对应的数据对象的某种报警状态产生时，报警策略系统自动调用一次。报警策略的属性设置对话框如图2.11所示，从中可以更改报警策略的名称，可以建立与实时数据库对象的连接，还可以选择对应的报警状态。对应的报警状态有3种："报警产生时执行一次""报警结束时执行一次""报警应答时执行一次"。还可在"策略内容注释"栏中添加该报警策略的相关注释。

5）用户策略实现存盘数据浏览

用户策略主要用来完成各种不同的任务，不能自动运行，要由指定的策略对象进行调用。用户策略的属性设置对话框如图2.12所示，从中可以更改该用户策略的名称，还可以添加策略内容的相关注释。

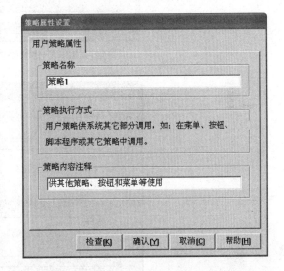

图2.11 报警策略的属性设置对话框　　图2.12 用户策略的属性设置对话框

所谓存盘数据提取，就是把历史数据库数据按照一定的时间条件和统计方式取出来，存到另外一个数据表中。针对存盘数据提取的结果，在用户策略中采用存盘数据浏览构件可对提取的数据进行浏览。

6）退出策略实现数据对象初始值的设定

退出策略一般完成系统善后处理功能，只在MCGS退出运行前由系统自动调用执行一次。

退出策略的属性设置对话框如图2.13所示。由于系统的退出策略只能有一个，所以策略名称是不能更改的，可以从中添加策略内容的相关注释。退出策略可以实现系统运行时相关数据的保存，以此作为下一次运行此系统时数据对象的初始值。

7）热键策略

用户按下对应的热键时，执行一次热键策略，其属性设置对话框如图2.14所示，从中可以更改热键策略的名称，可以建立策略执行时对应的热键，可以通过直接按键盘上的按键来添加，还可在"策略内容注释"栏中添加相关注释内容。

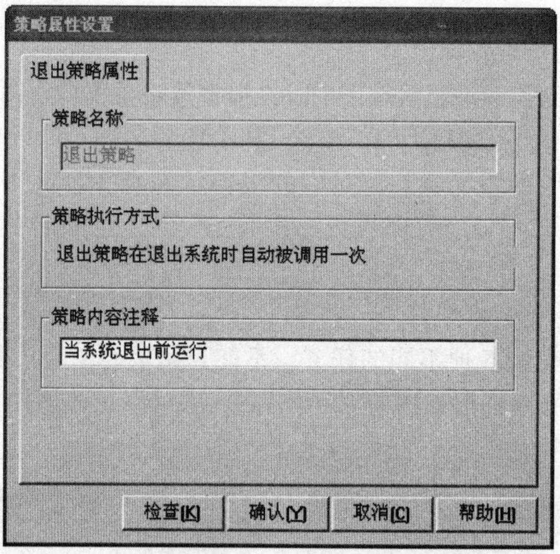

图2.13 退出策略的属性设置对话框

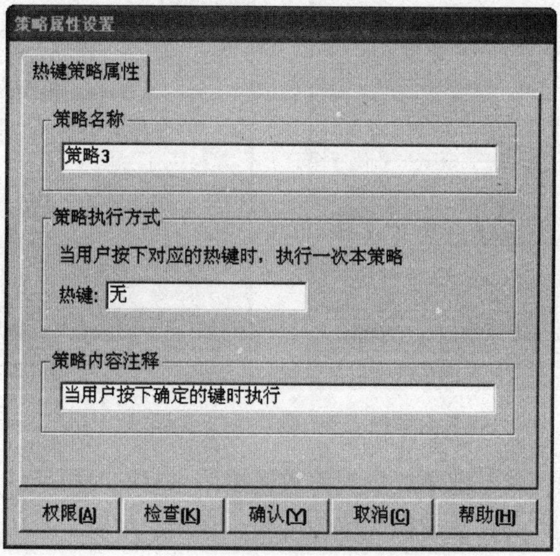

图2.14 热键策略的属性设置对话框

8）事件策略

当对应表达式的某种事件状态产生时，事件策略被系统自动调用一次。

事件策略的属性设置对话框如图2.15所示，从中可以更改事件策略的名称，可以建立策略执行时对应的表达式，还可以选择事件的内容。对应的事件内容有4种：表达式的值正跳变（0 to 1）、表达式的值负跳变（1 to 0）、表达式的值正负跳变（0 to 1 to 0）、表达式的值负正跳变（1 to 0 to 1）。还可在"策略内容注释"栏中添加相关注释内容。

2. 脚本程序

MCGS为用户提供了一个可以进行语言编程的环境，即脚本程序编辑窗口，在这里，用户可以灵活地实现控制流程和各种操作。脚本程序编辑窗口有多种进入方式，而经常采用的一种方法是在进行策略组态时通过脚本程序策略构件进入脚本程序编辑窗口。

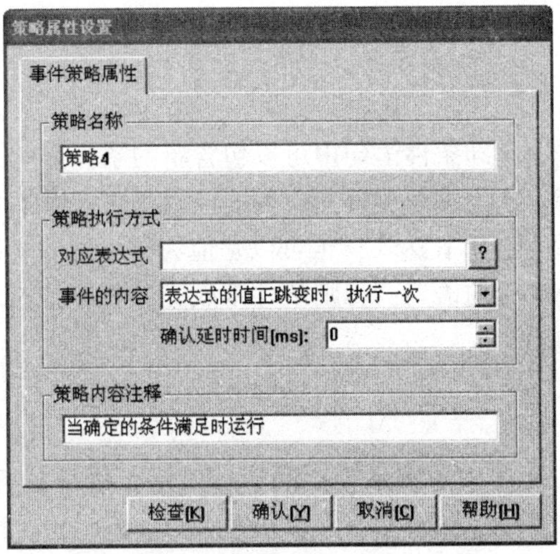

图 2.15 事件策略的属性设置对话框

在脚本程序编辑窗口中，窗口的左侧可以编写相应的脚本程序语句，窗口的下方还提供了剪切、复制、粘贴等编辑功能。窗口的右侧是 MCGS 操作对象和函数列表，列出了工程中所有的窗口、策略、设备、变量、系统支持的方法、属性及各类系统函数，以供用户快速查找和使用。窗口的右下方是 MCGS 使用的语句和表达式类型。用户用鼠标单击，即可完成主要语句的编程。脚本程序的编程语法与普通的 BASIC 语言非常类似，对于大多数简单的应用系统，MCGS 的脚本程序通常只用来进行生产流程的控制和监测，而对于比较复杂的系统，脚本程序可以利用相对复杂的控制算法来实现系统的实时控制。正确地编写脚本程序可简化组态过程，大大提高工作效率，优化控制过程。

MCGS 的脚本程序只有 4 种基本的语句，即赋值语句、条件语句、退出语句和注释语句，通过这 4 种简单的语句进行编程，可以实现许多复杂的控制流程。

1) 赋值语句

其基本形式为"数据对象＝表达式"，即把"＝"右边表达式的运算值赋给"＝"左边的数据对象。赋值号左边必须是能够读/写的数据对象，如开关型数据、数值型数据、字符型数据及能进行写操作的内部数据对象，而组对象、事件型数据、只读的内部数据对象、系统内部函数及常量均不能出现在赋值号的左边，因为不能对这些对象进行写操作。"＝"的右边为一表达式，表达式的类型必须与左边数据对象值的类型相符，否则系统会提示"赋值语句类型不匹配"的错误信息。

2) 条件语句

条件语句有如下 3 种形式：

(1) IF【表达式】THEN【赋值语句或退出语句】

(2) IF【表达式】THEN
　　　【语句】
　　ENDIF

(3) IF【表达式】THEN
　　　【语句】

　　　　ELSE
　　　　　【语句】
　　　　ENDIF

　　条件语句允许多级嵌套，即条件语句中可以包含新的条件语句，MCGS 脚本程序的条件语句最多可以有 8 级嵌套，这为编制多分支流程的控制程序提供了可能。

　　IF 语句的表达式一般为逻辑表达式，也可以是值为数值型的表达式，表达式的值为非 0 时，条件成立，执行 THEN 后的语句，否则条件不成立，将不执行该条件块中包含的语句，开始执行该条件块后面的语句。

　　值为字符型的表达式不能作为 IF 语句中的表达式。

　　3）退出语句

　　退出语句为"Exit"，用于中断脚本程序的运行，停止执行其后面的语句。一般在条件语句中使用退出语句，以便在某种条件下停止并退出脚本程序的执行。

　　4）注释语句

　　在脚本程序中以单引号开头的语句称为注释语句，实际运行时，系统不对注释语句作任何处理。

　　3. 内部函数简介

　　MCGS 为用户提供了一些常用的数学函数和对 MCGS 内部对象进行操作的函数。组态时，可在表达式或用户脚本程序中直接使用这些函数。为了与其他名称区别，系统内部函数的名称一律以"!"符号开头。MCGS 共提供了 11 种系统函数：运行环境操作函数、数据对象操作函数、用户登录操作函数、字符串操作函数、定时器操作函数、系统操作函数、数学函数、文件操作函数、ODBC 数据库函数、配方操作函数和时间函数。每种函数又包括不同功能的多个函数，各函数的详细使用方法和功能可以参阅本书的附录。

2.3　项目分析

根据工作任务，分析并规划工程。

（1）工程框架：1 个用户窗口；2 个循环策略——"脚本程序"构件和"定时器"构件。

（2）数据对象：电源模拟开关 G1、G2；断路器 QF1～QF7；短路故障 K1、K2；变压器 T1、T2。

（3）图形制作：参见图 2.1。

（4）流程控制：通过循环策略中的"脚本程序"和"定时器"策略块实现。

2.4　项目实施

1. 新建工程

在安装有 MCGS 的计算机桌面上，双击"MCGS 组态环境"快捷图标，进入 MCGS 的组态环境界面。

选择"文件"→"新建工程"菜单命令，创建一个新工程；选择"文件"→"工程另存为"菜单命令，如图 2.16 所示。给工程命名为"模拟供电系统监控设计"，保存在默认路径下（D:\MCGS\WORK\），单击"保存"按钮。

图 2.16 新建工程并保存

2. 定义数据对象

1）初步确定系统数据对象

通过对模拟供电系统自动监控控制要求的分析，初步确定系统所需数据对象，见表 2.1。

表 2.1 模拟供电系统数据对象

序号	数据对象	类型	初值	注释
1	G1	开关型	0	电源 G1
2	G2	开关型	0	电源 G1
3	T1	开关型	0	变压器 1
4	T2	开关型	0	变压器 2
5	K1	开关型	0	短路故障 1
6	K2	开关型	0	短路故障 2
7	QF1	开关型	0	断路器 1
8	QF2	开关型	0	断路器 2
9	QF3	开关型	0	断路器 3
10	QF4	开关型	0	断路器 4
11	QF5	开关型	0	断路器 5
12	QF6	开关型	0	断路器 6
13	QF7	开关型	0	断路器 7
14	定时器当前值	数值型	0	定时器当前值
15	定时器启动	开关型	0	定时器启动位
16	定时器状态	开关型	0	定时器位当前通断状态

2）在实时数据库中添加数据对象

（1）单击工作台中的"实时数据库"选项卡，进入实时数据库窗口。

（2）单击"新增对象"按钮，在窗口的数据对象列表中，增加新的数据对象。

（3）双击新增加的数据对象"Data1"，打开"数据对象属性设置"对话框，其属性设置如图 2.17 所示。

图2.17 在实时数据库中新增数据对象

①对象定义：对象名称为"G1"，对象初值为"0"；
②对象类型：开关型；
③对象内容注释：电源G1。
（4）属性填写完毕后，单击"确认"按钮，进行保存。

按照上述方法，将"模拟供电系统"的全部数据变量添加到实时数据库中，并按照表2.17中的对象名称、数据对象类型、对象初值等对每个数据对象进行属性设置。

3. 界面设计与组态

1）用户窗口的建立

（1）新建用户窗口。打开MCGS组态环境工作台的"用户窗口"选项卡，单击"新建窗口"按钮，新建一个名为"窗口0"的用户窗口。

（2）窗口属性设置。选中"窗口0"图标，单击"窗口属性"按钮，弹出"用户窗口属性设置"对话框。在"基本属性"选项卡中，将"窗口名称"和"窗口标题"均改为"模拟供电系统"；在"窗口背景"下拉列表中选择默认的浅灰色，也可以根据个人喜好选择背景颜色；在"窗口位置"选项区选择"最大化显示"选项，其他属性设置不变，如图2.18所示。单击"确认"按钮，返回"用户窗口"选项卡，"窗口0"图标已变为"模拟供电系统"。

（3）设置启动窗口。在"用户窗口"选项卡中，选中"模拟供电系统"图标，单击鼠标右键，在弹出的快捷菜单中选择"设置为启动窗口"命令，将该窗口设置为启动窗口。当进入MCGS运行环境时，系统将自动加载该窗口，如图2.19所示。

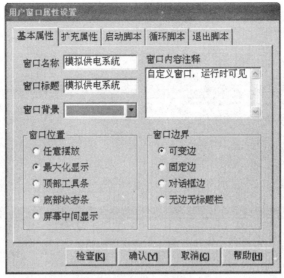

图 2.18　新建用户窗口属性设置

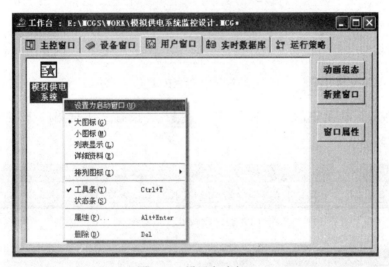

图 2.19　设置启动窗口

2）组态界面的编辑

MCGS 为用户提供了基本绘图工具以及丰富的图形对象元件库，利用它们可以制作出复杂的、常用的元件图符，实现组态画面的设计与编辑。

在工作台的"用户窗口"选项卡中，双击"模拟供电系统"图标，打开"动画组态模拟供电系统"窗口；或者选中"模拟供电系统"，单击右侧的"动画组态"按钮，也可以打开此窗口，如图 2.20 所示。

（1）文字标签组态。

单击工具条中的"工具箱"按钮，打开绘图工具箱。单击绘图工具箱中的"标签"按钮 **A**，在窗口中出现" + "光标，将光标移动至合适的位置，按住鼠标左键拖动，出现一定大小的矩形，松开鼠标。一个文本框绘制完成。

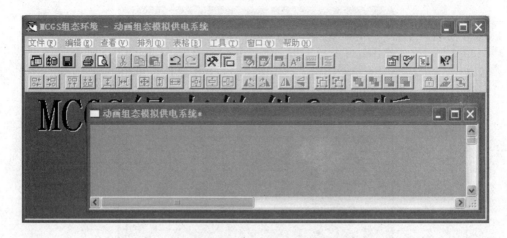

图 2.20 组态工程画面编辑窗口

在文本框内光标闪烁的位置，输入文字"模拟供电系统"，按 Enter 键，即完成文字输入。如果需要修改文字内容，可以单击文字，单击鼠标右键，选择"改字符"命令，即可修改文本框的内容。

依次单击动画组态工具条（图 2.21）中的"字符色"按钮 ![], "字符字体"按钮 ![]、"对齐"按钮 ![]，设置文本框中文字的颜色、字体、字号、格式等，如图 2.22（a）所示。单击工具条中的"线色"按钮 ![]，设置文本框为"无边线颜色"，如图 2.22（b）所示。

图 2.21 动画组态工具条

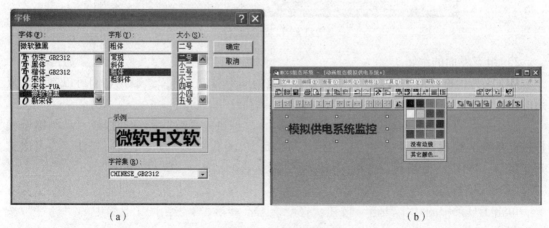

图 2.22 文字标签编辑

（2）供电线路组态。

为了能够形象地看到供电线路中电流的通断及流向状态，可以对线路进行"装饰"，这里采用"流动块"工具实现电流的状态。

单击绘图工具箱中的"流动块"工具 ，画出一段折线。双击流动块图符，打开"基本属性"选项卡进行属性设置，如图 2.23 所示。

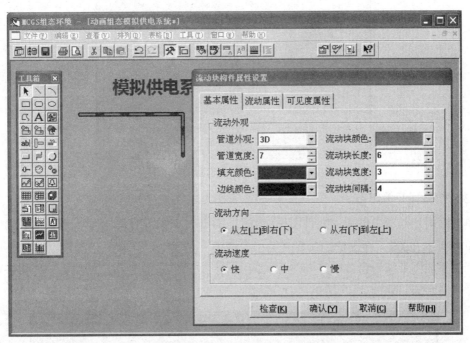

图 2.23 流动块的基本属性编辑

①管道外观：3D；
②管道宽度：7；
③填充颜色：蓝色；
④边线颜色：黑色；
⑤流动块颜色：绿色；
⑥流动块长度：6；
⑦流动块宽度：3；
⑧流动块间隔：4；
⑨流动块方向：从左（上）到右（下）；
⑩流动速度：快。

单击"流动属性"选项卡，在"表达式"区域，单击右侧的 图标，选择数据变量"G1"，用鼠标右键单击空白处，返回"流动属性"选项卡；在"当表达式非零时"选项区中，选择"流块开始流动"选项；单击"确认"按钮保存。其表明本流动块已与变量G1 建立连接，流动与否取决于 G1 的值，如图 2.24 所示。

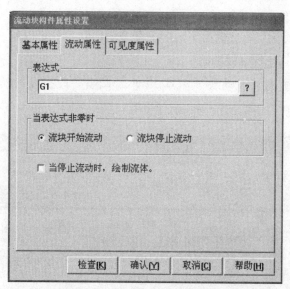

图 2.24　流动块的流动属性设置

（3）断路器开关组态。

单击绘图工具箱中的插入元件图标　　，打开"对象元件库管理"对话框，选中图形对象库中的"开关"，在预览的所有开关中，选中"开关 11"，单击"确定"按钮，即可将所选开关添加图形编辑窗口中，调整开关的大小，并将其放置到指定的位置，作为供电线路中的断路器开关，如图 2.25 所示。

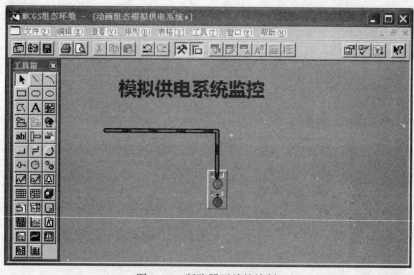

图 2.25　断路器开关的绘制

单击绘图工具条中的　　图标，添加"动画编辑工具条"，如图 2.26 所示。

选中"断路器开关"图符，单击动画编辑工具条中的"置于最顶层"图标　　，即可

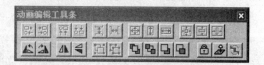

图 2.26　动画编辑工具条

将开关覆盖住其他图符与此开关重叠的部分，如图2.27所示。

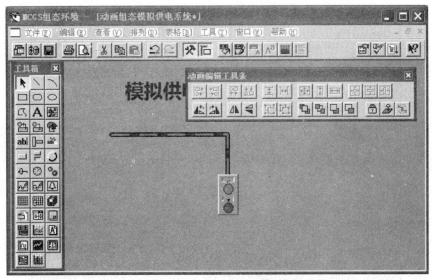

图2.27　图层工具的使用

双击"断路器开关"，打开"单元属性设置"对话框，在"数据对象"选项卡中，将"按钮输入"和"可见度"均连接变量QF1，如图2.28所示。其中，"按钮输入"连接变量QF1，这表明此开关可以通过单击进行操作。若当前开关为合闸状态，指示为绿色，那么，单击开关中绿色部分时，可以改变开关为断开的状态，同时指示为红色；同理，单击红色部分，可以将开关的当前断开状态改变为合闸状态，同时指示为绿色。

图2.28　断路器开关变量连接

(4) 变压器组态。

单击绘图工具箱中的插入元件图标 ![icon]，打开"对象元件库管理"对话框，选中图形对象库中的"电气符号"，在预览的所有电气符号中，选中"符号7"，单击"确定"按钮，将变压器符号添加到图形编辑窗口中，如图 2.29 所示。

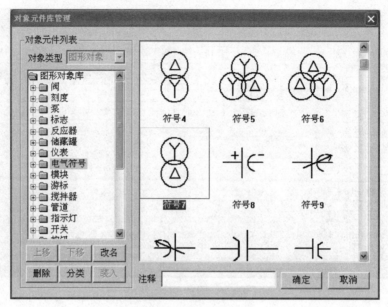

图 2.29　插入变压器符号

双击"变压器"图符，打开其"动画组态属性设置"对话框，将"颜色动画连接"单元中的"边线颜色"选中，则此对话框中便增加"边线颜色"选项卡，如图 2.30 所示。

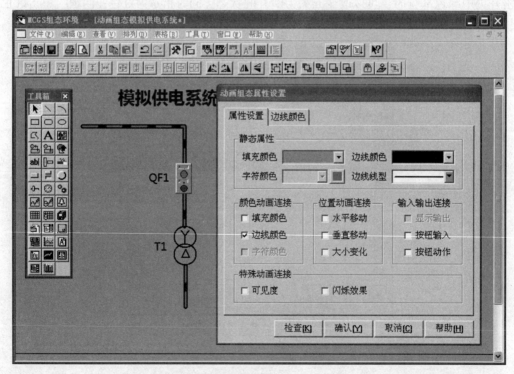

图 2.30　添加"边线颜色"选项卡

单击"边线颜色"选项卡,将"表达式"连接变量 T1;在"边线颜色连接"区域中,单击右侧的"增加"按钮,增加"0"和"1"两个分段点,双击"0"分段点对应的颜色,打开颜色选择框,选择"绿色",同理,把"1"分段点对应的颜色改成"红色",单击"确认"按钮,保存退出,如图 2.31 所示。这表示当 T1 变量值为"1"时,变压器的边线显示为红色,变压器故障;当 T1 变量值为"0"时,变压器边线颜色为绿色,变压器正常。

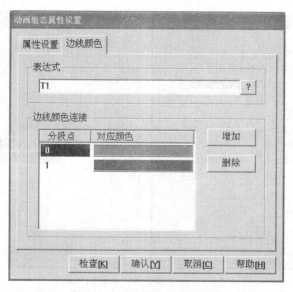

图 2.31 边线颜色组态对话框

采用以上步骤和方法,将线路中所需的流动块、断路器开关、变压器全部绘制完成。

（5）断路故障组态。

单击绘图工具箱中的插入元件图标 ，打开"对象元件库管理"对话框,选中图形对象库中的"电气符号",在预览的所有电气符号中,选中"符号 24",单击"确定"按钮,将变压器符号添加到图形编辑窗口中,如图 2.32 所示。

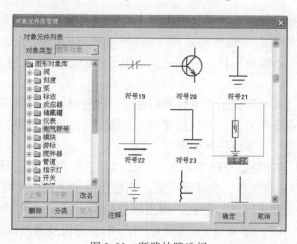

图 2.32 断路故障选择

用鼠标右键单击图符，选择"排列"→"分解单元"命令，将图符分解成小单元，用鼠标右键单击"矩形"图符，选择"属性"选项，打开"矩形"图符的"动画组态属性设置"对话框，勾选"颜色动画连接"选项区中的"填充颜色"复选框，打开新增加的"填充颜色"选项卡，"表达式"连接变量K1，单击"填充颜色连接"区域中的"增加"按钮，添加两个分段点，将分段点"1"对应的颜色改成"红色"，如图2.33所示，即当短路故障时，K1的值为"1"，"矩形"图符的填充颜色变为红色。

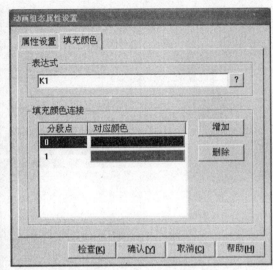

图2.33　短路故障图符填充颜色设置

选中刚才分解单元中所有的线条，单击鼠标右键，选择"排列"→"合成单元"命令，将图符组合成为一个单元，以方便后续编辑。用鼠标右键单击组合好的图符，选择"拷贝"命令，用鼠标右键单击窗口中空白处，选择"粘贴"命令，即可复制相同的图符。选中复制的图符，单击动画编辑工具条中的Y翻转图标 ，将图符向右镜像，调整好大小，将其放置在合适的位置。

（6）按钮组态。

本项目需要辅助操作按钮6个，分别为2个电源供电按钮、2个变压器故障按钮、2个短路故障按钮，均为绘图工具箱中的"标准按钮"，将它们调整好大小，摆放在适当的位置，变量连接方法已在本模块项目一中讲过，这里不再赘述。图2.34所示为绘制完成的模拟供电系统监控图。

为了能够动态地、实时地显示供电线路的通断，需要根据需要将线路与必要的断路器开关、电源、变压器等设备相关联。方法很简单，先确定线路受控对象，然后将受控对象的变量与线路连接到一起即可，下面举例说明。

例如：变压器T1与断路器QF4之间的一小段线路，受控于变压器T1，当变压器T1的值为"0"时，此线路正常工作，为流动状态，当变压器T1的值为"1"时，变压器发生故障，此段线路应该处于静止状态，因此，双击该段线路，打开"流动属性"选项卡，将其表达式连接变量"T1=0"，即变量T1的值为"0"时，此段线路的流动块开始流动，否则，变量T1值为"1"时，流动块停止流动，如图2.35所示。

项目二 变电站供电系统运行监控

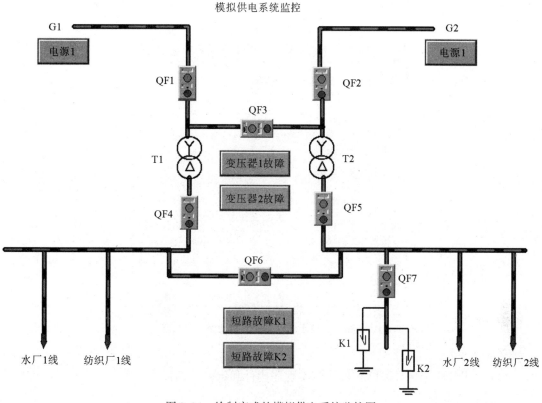

图2.34 绘制完成的模拟供电系统监控图

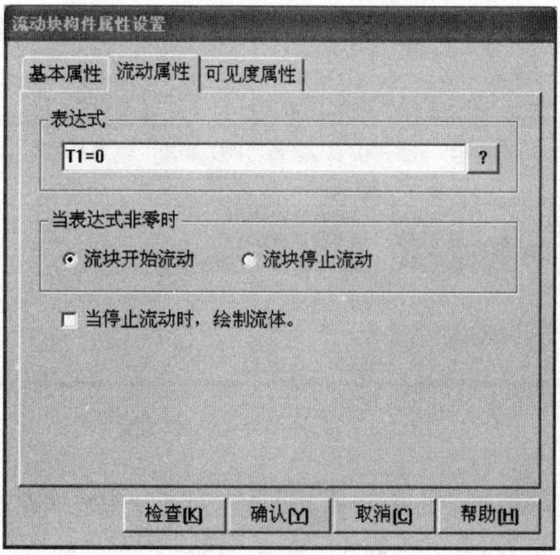

图2.35 线路连接变量

当某条线路同时受到两种设备控制时，可以利用组态可识别的简单语句来实现。例如：通往水厂1线的线路，同时受控于断路器开关QF4和QF6，即电源供电正常时，只要QF4和QF6有一个断路器开关处于合闸状态，此线路即满足通电状态，流动块开始流动，因此此流动块应连接变量，如图2.36所示。使用or语句将QF4与QF6两个变量关联起来。

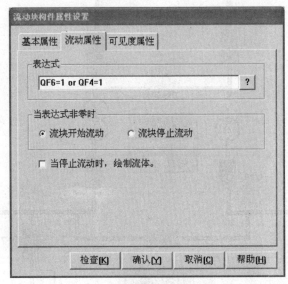

图2.36 受控于两种对象时的变量连接方法

4. 策略组态

本项目用到两个循环策略构件：脚本程序构件和定时器构件。

1）定时器构件

单击"工具台"→"运行策略"选项卡，双击"循环策略"，如图2.37所示。

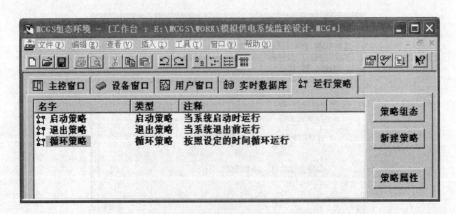

图2.37 打开循环策略的方法

用鼠标右键单击循环策略中的图标 ，打开"策略属性设置"对话框，将"策略执行方式"区域中的循环时间"60000"改为"100"，单位为ms，如图2.38所示。

在窗口中的空白处单击鼠标右键，选择"策略工具箱"选项，打开策略工具箱，它为组态提供了多种组态策略构件，如图2.39、图2.40所示。

用鼠标右键单击窗口的空白处，在弹出的菜单中选择"新增策略行"命令，单击策略工具箱中的"定时器"，单击策略块图标，即可添加定时器构件，如图2.41所示。

图 2.38 "策略属性设置"对话框

图 2.39 打开策略工具箱的方法 　　图 2.40 策略工具箱

双击定时器构件,打开"定时器"对话框,其参数设置如图 2.42 所示。
(1) 设定值:2 s;
(2) 当前值:定时器当前值(帮助连接变量在运行时显示当前的计时时间);
(3) 计时条件:K2 = 1(短路故障 K2 的值为"1"时,开始计时);
(4) 复位条件:K2 = 0(短路故障 K2 的值为"0"时,定时器复位);
(5) 计时状态:定时器位(定时器当前值大于等于 2 s 时,变量"定时器位"置"1")。

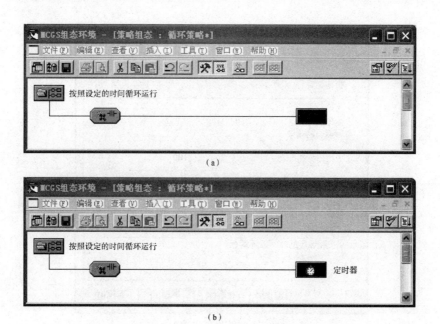

图2.41 新增定时器策略

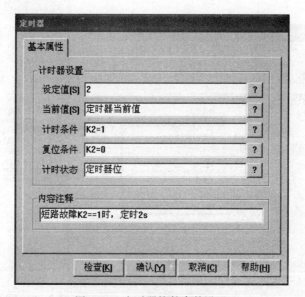

运行策略-定时器

图2.42 定时器构件参数设置

在图形编辑窗口，添加定时器当前值显示区域。单击绘图工具条中的"文字标签"图标 A ，在图2.43所示的位置，拖动出大小合适的矩形框，双击"文本标签"图符，打开"动画组态属性设置"对话框，设置其静态属性，如图2.44（a）所示，勾选"输入输出连接"选项区中的"显示输出"复选框，打开新增加的"显示输出"选项卡，将"表达式"与数据库变量"定时器当前值"相连，将"输出值类型"设置为"数值量输出"，在"输出格式"选项区中选择"向中对齐"选项，如图2.44（b）所示。

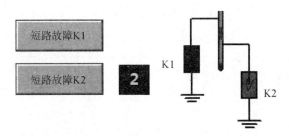

图 2.43 添加定时器当前值显示文本标签

图 2.44 文本标签参数设置

2）脚本程序构件

在 MCGS 的工作台中打开"运行策略"选项卡，双击"循环策略"，进入循环策略的"策略组态"窗口，在定时器策略行的下方增加一条新的策略行。

单击新增策略行末端的小方块，其变成蓝色，再打开策略工具箱，双击脚本程序构件，脚本程序策略添加成功，如图 2.45 所示。

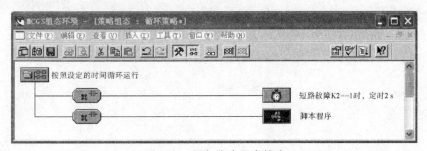

图 2.45 添加脚本程序策略

双击策略行末端的脚本程序构件，打开脚本程序编辑环境。用短路故障 K2 按钮控制定时器工作状态。脚本程序如下：

（1）2 个电源都不正常或 2 个变压器都故障。

```
IF(G1 = 0 AND G2 = 0)OR(T1 = 1 AND T2 = 1)THEN
    QF1 = 0
    QF2 = 0
    QF3 = 0
    QF4 = 0
    QF5 = 0
    QF6 = 0
    QF7 = 0
ENDIF
```

(2) 2个电源都正常。

```
IF G1 = 1 AND G2 =1 THEN
    IF T1 = 0 AND T2 = 0 THEN        '2个变压器正常,无故障
        QF1 = 1
        QF2 = 1
        QF3 = 0
        QF4 = 1
        QF5 = 1
        QF6 = 0
    ENDIF
    IF T1 = 0 AND T2 = 1 THEN        '变压器 T2 故障
        QF1 = 1
        QF2 = 0
        QF3 = 0
        QF4 = 1
        QF5 = 1
        QF6 = 1
    ENDIF
    IF T1 = 1 AND T2 = 0 THEN        '变压器 T1 故障
        QF1 = 0
        QF2 = 1
        QF3 = 0
        QF4 = 0
        QF5 = 1
        QF6 = 1
    ENDIF
ENDIF
```

(3) 电源 G2 不正常。

```
IF G1 = 1 AND G2 = 0 THEN
    IF T1 = 0 AND T2 = 0 THEN          '2 个变压器正常,无故障
        QF1 = 1
        QF2 = 0
        QF3 = 1
        QF4 = 1
        QF5 = 1
        QF6 = 0
    ENDIF
    IF T1 = 0 AND T2 = 1 THEN          '变压器 T2 故障
        QF1 = 1
        QF2 = 0
        QF3 = 0
        QF4 = 1
        QF5 = 0
        QF6 = 1
    ENDIF
    IF T1 = 1 AND T2 = 0 THEN          '变压器 T1 故障
        QF1 = 1
        QF2 = 0
        QF3 = 1
        QF4 = 0
        QF5 = 1
        QF6 = 1
    ENDIF
ENDIF
```

(4) 电源 G1 不正常。

```
IF G1 = 0 AND G2 = 1 THEN
    IF T1 = 0 AND T2 = 0 THEN          '2 个变压器正常,无故障
        QF1 = 0
        QF2 = 1
        QF3 = 1
        QF4 = 1
        QF5 = 1
        QF6 = 0
    ENDIF
```

```
            IF T1 = 0 AND T2 = 1 THEN           '变压器 T2 故障
                QF1 = 0
                QF2 = 1
                QF3 = 1
                QF4 = 1
                QF5 = 0
                QF6 = 1
            ENDIF
            IF T1 = 1 AND T2 = 0 THEN           '变压器 T1 故障
                QF1 = 0
                QF2 = 1
                QF3 = 0
                QF4 = 0
                QF5 = 1
                QF6 = 1
            ENDIF
ENDIF
```

(5) 短路故障。

```
IF QF5 = 1 OR QF6 = 1 THEN QF7 = 1              '短路无故障
IF K1 = 1 AND K2 = 0 THEN QF7 = 0               '短路故障 K1,速断保护
IF K1 = 0 AND "定时器位 = 1" THEN QF7 = 0       '短路故障 K2,过流保护,2 s 后断开
```

2.5 问题与思考

(1) MCGS 中循环策略的执行时间如何设置？

(2) 启动策略和退出策略的作用是什么？

(3) 某系统中共有 1 个水箱和 2 台水泵，要求在水箱的液位到达指定高度时启动第一台水泵，当液位下降达指定高度时第一台水泵停止运行，同时启动第二台水泵。利用循环策略实现，并写出相关的脚本程序。

(4) 某系统中含有一个加热器，其加热的条件是 T = 1，加热装置继电器的开关为 KM1（"1" 为开，"0" 为关），加热的时间是 5 min，利用定时器构件在 MCGS 中实现。

实践项目 2 雨水利用自动监控系统设计

1. 控制要求

查阅雨水利用监控系统的相关资料，利用 MCGS 实现雨水利用监控系统画面的制作及程序的编写、调试。控制要求如下：

(1) 气压罐压力为 0（压力传感器 S1 = 0），而且雨水罐液面高于下液位（S4 = 1）时，水泵 Y2 启动，5 s 后气罐压力增加，S1 = 1 时，延时 5 s 停止 Y2。

(2) 液面低于下液位（S4 = 0）时，水泵 Y2 不能启动。

(3) 液面低于中液位（S3＝0）时，进水阀 Y1 开启，注入净水。
(4) 液面高于上液位（S2＝1）时，进水阀 Y1 关断，停止注入净水。

2. 参考画面（图2.46）

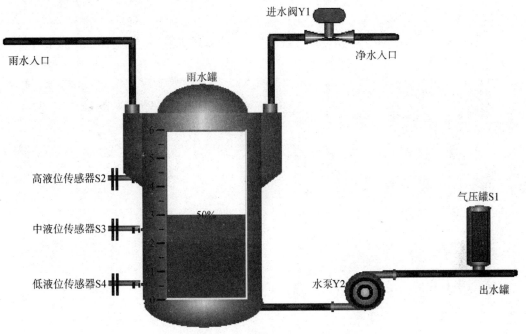

图 2.46　雨水利用监控系统参考界面设计

3. 参考数据库变量（表2.2）

表 2.2　参考变量定义

序号	变量名	类型	初值	注　释
1	S1	开关	0	压力传感器，输入，压力大于等于设定值时：＝1
2	S2	开关	0	上液位传感器，输入，液位大于等于上限时：＝1
3	S3	开关	0	中液位传感器，输入，液位大于等于中限时：＝1
4	S4	开关	0	下液位传感器，输入，液位大于等于下限时：＝1
5	Y1	开关	0	进水阀，输出，1 为接通
6	Y2	开关	0	水泵，输出，1 为工作
7	水	数值	0	雨水罐液位变化效果参数
8	水1	数值	0	气压罐液位变化效果参数
9	ZHV1	开关	0	定时时间到信号，1 有效
10	ZHV2	开关	0	定时器启动，＝1：启动；＝0：停止并复位定时器
11	ZHV3	数值	0	定时器计时时间

4. 参考脚本程序
(1) 动画参数修改：

```
IF Y1 = 1    THEN 水 = 水 + 1
IF Y2 = 1    THEN
    水 = 水 - 1.2
    水1 = 水1 + 1
ENDIF              '注意参数变化幅度应尽量与实际对象相同
```

（2）自动控制：

```
IF S1 = 0 AND S4 = 1    THEN    Y2 = 1
IF S1 = 1    THEN    ZHV2 = 1
IF ZHV1 = 1    THEN
    Y2 = 0
    ZHV2 = 0
ENDIF
IFS4 = 0    THEN    Y2 = 0
IFS3 = 0    THEN    Y1 = 1
IFS2 = 1    THEN    Y1 = 0
```

观察参考程序的不足，结合对象的实际情况，写出更好的属于自己的控制程序。

项目三

啤酒厂机械手运行监控

3.1 项目导入

1. 学习目标

(1) 掌握 MCGS 组建工程的一般步骤；
(2) 掌握组态界面设计、图符构成及图符、按钮的组态；
(3) 掌握运行策略选择及应用，掌握定时器与计数器的组态设计；
(4) 掌握生产搬运机械手监控系统组态演示工程的设计制作。

2. 项目描述

在科技日新月异的发展之下，机械手与人类的手臂的最大区别就在于灵活度与耐力，机械手的应用将会越来越广泛。机械手是近几十年发展起来的一种高科技自动生产设备，可以完成精确的作业。具体控制要求如下：

(1) 系统设置完物料的总块数后，按下"启动"按钮后，机械手下移 5 s—夹紧 2 s—上升 5 s—右移 10 s—下移 5 s—放松 2 s—上移 5 s—左移 10 s（s 为秒），最后回到原始位置，自动循环。

(2) 按下"停止"按钮，机械手停在当前位置，再次按下"停止"按钮，机械手系统继续运行。

(3) 按下复位按钮后，机械手回到原始位置，停止。

(4) 搬运完所有的物料后自动回到原始位置，停止，同时显示搬运过程中已搬运的物料块数。

3.2 项目资讯

本项目介绍生产搬运机械手制作的组态过程，详细讲解如何应用 MCGS 组态软件完成一个工程。本项目涉及动画制作、控制流程的编写、变量设计、定时器及计数器构件的使用等多项组态操作。本项目的重点知识点：定时器及计数器构件。

1. 定时器构件

定时器构件以时间作为条件，当到达设定的时间时，构件的条件成立一次，否则不成立。定时器构件通常用于循环策略块的策略行中，作为循环执行功能构件的定时启动条件。定时器构件一般应用于需要进行时间控制的功能部件，如定时存盘、定期打印报表、定时给操作员显示提示信息等。

定时器构件的属性窗口如图3.1所示。

图3.1　定时器构件的属性窗口

（1）定时器设定值。定时器设定值对应于一个表达式，用表达式的值作为定时器的设定值。当定时器的当前值大于等于设定值时，本构件的条件一直满足。定时器的时间单位为s，但可以设置成小数，以处理ms级的时间。如设定值没有建立连接或把设定值设为"0"，则构件的条件永远不成立。

（2）定时器当前值。定时器当前值和一个数值型的数据对象建立连接，每次运行到本构件时，把定时器的当前值赋给对应的数据对象，如没有建立连接则不处理。

（3）计时条件。计时条件对应一个表达式，当表达式的值非零时，定时器进行计时，为"0"时停止计时。如没有建立连接则认为时间条件永远成立。

（4）复位条件。复位条件对应一个表达式，当表达式的值非零时，对定时器进行复位，使其从"0"开始重新计时，当表达式的值为"0"时，定时器一直累计计时，到达最大值65 535后，定时器的当前值一直保持该数，直到复位条件。如复位条件没有建立连接，则认为定时器计时到设定值、构件条件满足一次后，自动复位重新开始计时。

（5）计时状态。计时状态和开关型数据对象建立连接，把计时器的计时状态赋给数据对象。当当前值小于设定值时，计时状态为"0"，当当前值大于等于设定值时，计时状态为"1"。

2. 计数器构件

计数器构件通常用于对指定的事件进行计数，当计数值达到设定值时，构件的条件成立一次，调用一次策略行中的策略功能构件，然后计数器清零，重新开始计数，直到下次到达设定值，再次满足条件，循环往复调用策略功能构件。与计数器属性设置相关的参数有6个，如图3.2所示。

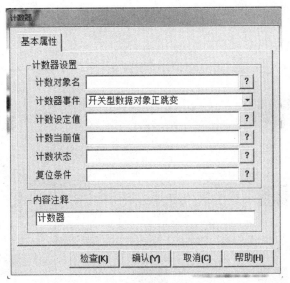

计数器

图 3.2　计数器策略参数

（1）计数对象名。计数对象名是指计数器作用的数据对象。这一数据对象可以是开关型、数值型或事件型。

（2）计数器事件。计数器事件是指允许条件计数器进行计数操作的条件。当这些条件满足时，计数器的当前值加1，完成一次计数统计。而计数器的计数条件又有6种：数值型数据对象报警产生、事件型数据对象报警产生、开关型数据对象正跳变（即在上升沿，当前值加1计数一次）、开关型数据对象负跳变（即在下降沿，当前值加1计数一次）、开关型数据对象正负跳变（即先上升沿，再下降沿时，当前值加1计数一次）、开关型数据对象负正跳变（即先下降沿，再上升沿时，当前值加1计数一次）。

（3）计数设定值。计数设定值是指计数器预期要完成的统计数量。它可以是一个具体的数值，也可以是一个表达式。当计数器的当前值累加到大于等于设定值时，计数器的计数状态为"1"，表示计数工作已完成；否则，计数状态为"0"。

（4）计数当前值。计数器在计数时实时累加，并输出具体数值。它一般与一个数值型数据对象相对应。利用计数当前值，可以设置不同的编程条件，从而满足不同的控制需求。

（5）复位条件。复位条件是指对计数器的计数状态复位，并对当前值清零的条件。它可以对应一个开关型或数值型的数据对象，也可以对应一个表达式。当对应数据对象的值非零时，或对应的表达式条件成立时，计数器复位，即计数器的计数状态为"0"，同时计数当前值清零。注意：计数器不会自动复位。当计数当前值累加到大于等于设定值时，计数器的计数状态为"1"，计数工作完成；若仍满足计数条件，计数当前值会继续累加，直至累加到最大值65 535时，计数当前值会保持不变。若满足复位条件（即出现复位信号）计数器才恢复为"0"。

（6）计数状态。计数状态用于描述计数器的工作状态，一般对应一个开关型数据对象。

当计数状态为"1"时,表示计数工作已完成。

3.3 项目分析

工程效果图如图3.3所示。

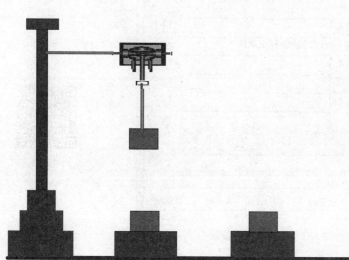
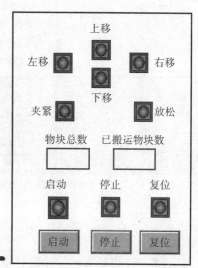

图 3.3 工程效果图

在开始组态工程之前,先对该项目进行剖析,以便从整体上把握工程的结构、流程、需实现的功能及实现这些功能的方式。

1. 工程框架分析

(1)需要一个用户窗口及实时数据库。
(2)需要一个循环策略。
(3)在循环策略中使用定时器构件、计数器构件及脚本程序构件。

2. 图形制作分析(表3.1)

表 3.1 用户窗口中图形元件的实现方法

用户窗口	图形中的元件	实现方法
机械手控制系统	文字	标签构件
	按钮	由工具箱添加
	指示灯	由对象元件库引入
	矩形	由工具箱添加
	机械手	由对象元件库引入

3. 数据对象分析

通过分析机械手监控系统的控制要求,初步确定系统所需数据对象,见表3.2。

表 3.2　生产搬运机械手项目的数据变量表

序号	数据对象	类型	初值	注　释
1	启动	开关型	0	机械手系统启动运行控制信号，1 有效
2	停止	开关型	0	"停止"按钮，1 为暂停，0 为取消
3	复位	开关型	0	机械手系统复位控制信号，1 有效
4	夹紧	开关型	0	控制机械手夹紧，1 有效
5	放松	开关型	0	控制机械手放松，1 有效
6	上移	开关型	0	控制机械手上移，1 有效
7	下移	开关型	0	控制机械手下移，1 有效
8	左移	开关型	0	控制机械手左移，1 有效
9	右移	开关型	0	控制机械手右移，1 有效
10	定时器启动	开关型	0	定时器启动
11	定时器复位	开关型	0	定时器复位
12	计时时间	数值型	0	定时器的当前值
13	水平移动量	数值型	0	控制构件水平运动的参量
14	垂直移动量	数值型	0	控制构件上下运动的参量
15	工件夹紧标志	开关型	0	标示工件是夹紧还是放松状态
16	物料到位标志	开关型	0	标示物块是否到位
17	启动标志	开关型	0	标示是否按下"启动"按钮，1 有效
18	复位标志	开关型	0	标示是否按下复位按钮，1 有效
19	计数状态	开关型	0	计数状态
20	计数器脉冲	开关型	0	计数对象名
21	计数器当前值	数值型	0	计数器当前值
22	计数器复位	开关型	0	计数器复位条件，1 有效
23	计数器设定值	数值型	0	计数器设定值

3.4　项目实施

1. 新建工程

在已安装有 MCGS 通用版组态软件的计算机桌面上，双击"MCGS 组态环境"快捷图标，进入 MCGS 通用版的组态环境界面。

选择"文件"→"新建工程"命令，创建一个新工程。再选择"文件"→"工程另存为"命令，对工程进行保存，更改工程文件名为"机械手监控系统"，保存路径为"D:\MCGS\WORK\机械手监控系统"，如图 3.4 所示。

2. 定义数据对象

1) 在实时数据库中添加数据对象

打开"工作台"的"实时数据库"选项卡，如图 3.5 所示，单击"新增对象"按钮，在数据对象列表中,增加新的数据变量,如图3.6所示。

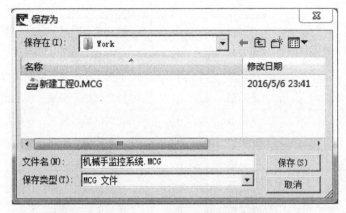

图3.4 新建"机械手监控系统"组态工程

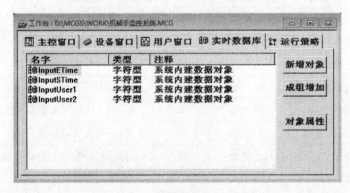

图3.5 "实时数据库"选项卡

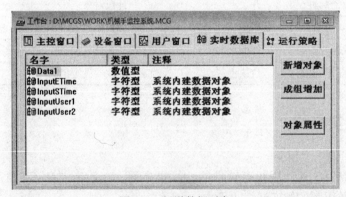

图3.6 新增数据对象

2)数据对象的属性设置

选中实时数据库中的新增数据对象"Data1",单击"对象属性"按钮,或直接双击"Data1",打开"数据对象属性设置"对话框。将"对象名称"更改为"启动",将"对象初值"设为"0","对象类型"选为"开关"型,在"对象内容注释"文本框内输入"机械手系统启动运行控制信号。1有效",单击"确认"按钮,如图3.7所示。

项目三　啤酒厂机械手运行监控

图 3.7　"数据对象属性设置"对话框

同理，按照上述方法，将机械手监控系统数据对象添加到实时数据库中，并按照表 3.2 中所给的对象名称、数据对象类型、对象初值等对每个数据对象进行属性设置。定义好的实时数据库如图 3.8 所示。

图 3.8　在实时数据库中初步定义的数据对象

3. 界面组态
1）用户窗口的建立
（1）新建用户窗口。在"用户窗口"选项卡中单击"新建窗口"按钮，建立"窗口

77

0",如图3.9所示。

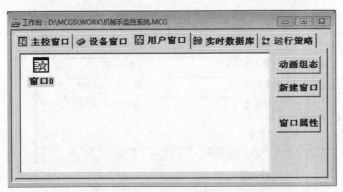

图3.9 新建用户窗口

(2)窗口属性设置。选中"窗口0",单击"窗口属性"按钮,打开"用户窗口属性设置"对话框。将"窗口名称"改为"机械手控制";将"窗口标题"改为"机械手监控系统";将"窗口背景"选为"灰色",在"窗口位置"选项区中选择"最大化显示"选项,其他不变,单击"确认"按钮,如图3.10所示。

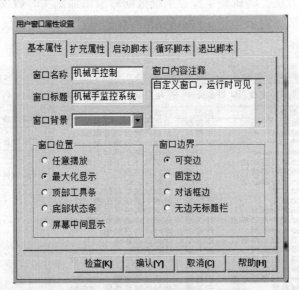

图3.10 "用户窗口属性设置"对话框

(3)设置为启动窗口。在"用户窗口"选项卡中,选择"机械手控制",单击鼠标右键,选择下拉菜单中的"设置为启动窗口"选项,将该窗口设置为运行时自动加载的窗口,如图3.11所示。

2)编辑画面

(1)制作文字标签。

选择"机械手控制"窗口图标,单击"动画组态"按钮,进入动画组态窗口,开始编辑画面。

①单击工具条中的"工具箱"按钮 ,打开绘图工具箱。选择"工具箱"内的"标签"按钮 A,鼠标的光标呈"十"字形,在窗口顶端中心位置拖曳鼠标,根据需要

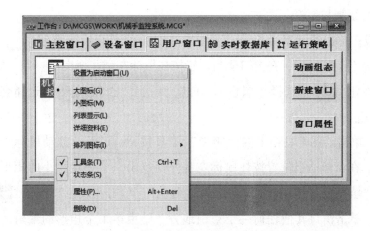

图 3.11 设置为启动窗口

拉出一个一定大小的矩形。在光标闪烁位置输入文字"机械手控制系统",按 Enter 键或在窗口任意位置用鼠标单击,文字输入完毕。如果需要修改输入文字,则单击已输入的文字,然后按 Enter 键就可以进行编辑,也可以单击鼠标右键,在弹出的下拉菜单中选择"改字符"命令。

②选中文字框,作如下设置:

单击 ![填充色] (填充色) 按钮,设定文字框的背景颜色为"没有填充"。

单击 ![线色] (线色) 按钮,设置文字框的边线颜色为"没有边线"。

单击 ![字符字体] (字符字体) 按钮,设置文字字体为"宋体",字型为"粗体",大小为"26"。

单击 ![字符颜色] (字符颜色) 按钮,将文字颜色设为"红色"。

③单击工具箱内的"标签"按钮 **A**,根据需要拉出 4 个一定大小的矩形。其中两个在光标闪烁位置分别输入文字"物块总数"与"已搬运总数",单击 ![线色] (线色) 按钮,设置文字框的边线颜色为"没有边线"。另外两个个采用默认设置即可。编辑后的画面如图 3.12 所示。

图 3.12 编辑后的画面

（2）图形的绘制与编辑。

①画地平线。单击绘图工具箱中"画线"工具中的"直线"按钮 ，挪动鼠标光标，此时光标呈"十"字形，在窗口适当位置按住鼠标左键并拖曳出一条一定长度的直线。单击"线色"按钮 ，选择"黑色"。单击"线型"按钮 ，选择合适的线型。单击"保存"按钮。

②画矩形。单击绘图工具箱中的"矩形"工具按钮 ，挪动鼠标光标，此时呈光标"十"字形。在窗口适当位置按住鼠标左键并拖曳出一个一定大小的矩形。单击窗口上方工具栏中的"填充色"按钮 ，选择"蓝色"。单击"线色"按钮 ，选择"没有边线"选项。单击窗口其他任何一个空白地方，结束第 1 个矩形的编辑。依次画出机械手画面的 10 个矩形部分（7 个蓝色，3 个红色），单击"保存"按钮，如图 3.13 所示。

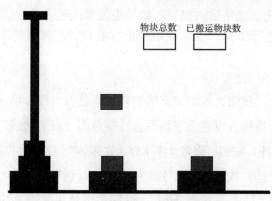

图 3.13　绘制台架、物块及地平线

③构成图符。同时选中编辑好的工位架（所有蓝色矩形）并单击鼠标右键，弹出快捷菜单，在弹出的"排列"子菜单中选择"构成图符"命令，如图 3.14 所示。这样一个完整的工位架图符就编辑完成了。单击工具条中的"保存"按钮，保存设置。

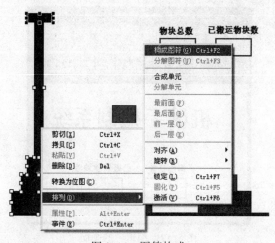

图 3.14　图符构成

(3) 构件的选取。

①机械手的绘制。单击绘图工具箱中的"插入元件"图标,弹出"对象元件库管理"对话框,如图 3.15 所示,双击窗口左侧"对象元件列表"区域中的"其他"选项,展开该列表项,单击"机械手",单击"确定"按钮。机械手控制画面窗口中出现机械手的图形。在"机械手"被选中的情况下,单击"排列"菜单,选择"旋转"→"右旋 90 度"命令,使机械手旋转 90 度。调整位置和大小,单击"保存"按钮。

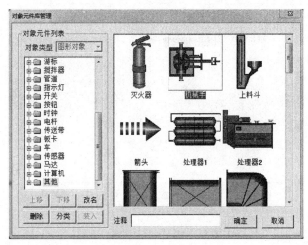

图 3.15 机械手构件的选择

②画机械手左侧和下方的滑杆。利用"插入元件"工具,选择"管道"元件库中的"管道 95"和"管道 96",如图 3.16 所示,分别画出两个滑杆,将大小和位置调整好。

③画指示灯。需要启动、停止、复位、上、下、左、右、夹紧、放松 9 个指示灯显示机械手的工作状态。选用 MCGS 元件库中提供的指示灯,这里选择"指示灯 2",如图 3.17 所示。画好后在每一个指示灯后写上文字注释,文字框的背景颜色为"没有填充",文字框的边线颜色为"没有边线"。调整位置,编辑文字,单击"保存"按钮。

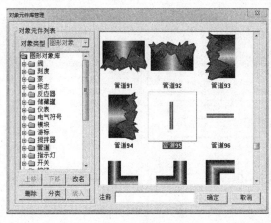

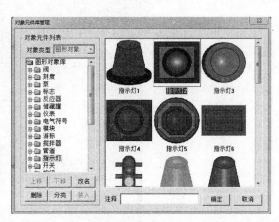

图 3.16 管道构件的选择   图 3.17 指示灯构件的选择

④画按钮。单击画图工具箱的"标准按钮"工具 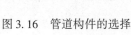,在画图中画出一定大小的按

钮。调整其大小和位置，双击按钮，弹出"标准按钮构件属性设置"对话框，将按钮标题改为"启动"，如图 3.18 所示。同理，"停止""复位"按钮的设置同上。最后生成的画面如图 3.3 所示。

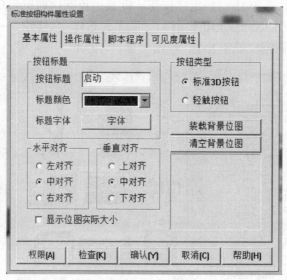

图 3.18 "标准按钮构件属性设置"对话框（一）

3）动画连接

（1）按钮的动画连接。

双击"启动"按钮，弹出"属性设置"窗口，单击"操作属性"选项卡，选择"数据对象值操作"选项，单击第 1 个下拉列表的"▼"按钮，弹出按钮动作下拉菜单，选择"按1松0"选项。单击第 2 个下拉列表的"?"按钮，弹出当前用户定义的所有数据对象列表，双击"启动"，单击"确认"按钮，如图 3.19 所示。用同样的方法建立复位按钮与"停止"按钮与对应变量之间的动画连接，注意"停止"按钮的"数据对象值操作"选择"取反"。

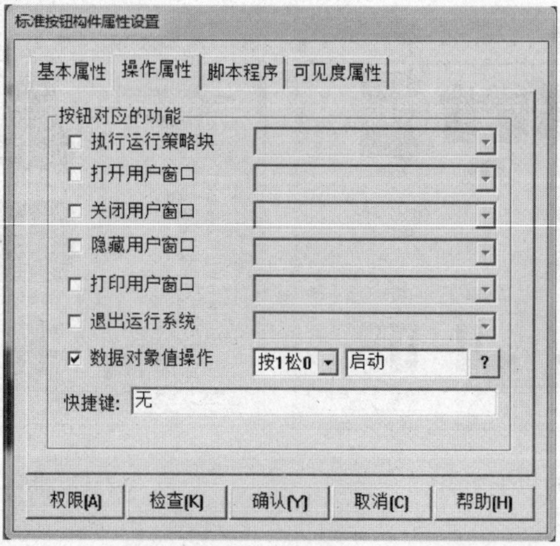

图 3.19 "标准按钮构件属性设置"对话框（二）

(2) 指示灯的动画连接。

双击启动指示灯,弹出"单元属性设置"窗口。单击"数据对象"选项卡,单击"可见度",出现"?"按钮,单击"?"按钮,弹出当前用户定义的所以数据对象列表,双击"启动标志"(也可在这一栏直接输入文字"启动标志")。单击"确认"按钮,退出"单元属性设置"窗口,结束启动指示灯的动画连接,如图3.20所示,单击"保存"按钮。按照前面的步骤,依次对其他指示灯进行设置。

图3.20 指示灯可见度属性设置

(3) 文本框的动画连接。

双击物块总数旁的文本框,弹出"动画组态属性设置"窗口,在"输出输入连接"选项中勾选"显示输出"与"按钮输入"复选框,上方出现"显示输出"与"按钮输入"选项卡,如图3.21所示。单击"显示输出"选项卡,在"表达式"区域中单击"?"按钮,弹出当前用户定义的所有数据对象列表,双击"计数器设定值","输出值类型"为"数值量输出","整数位数"为"2",其他为默认即可,如图3.22所示。单击"按钮输入"选项卡,在"对应的数据名称"中单击"?"按钮,弹出当前用户定义的所有数据对象列表,双击"计数器设定值","输入值类型"为"数值量输入",将"输入最小值"设为"0",将"输入最大值"设为"20",如图3.23所示。

双击已搬运物块数旁的文本框,弹出"动画组态属性设置"窗口,在"输出/输入连接"选项区中勾选"显示输出"复选框,上方出现"显示输出"选项卡,单击"显示输出"选项卡,在"表达式"区域中单击"?"按钮,弹出当前用户定义的所有数据对象列表,双击"计数器当前值","输出值类型"为"数值量输出","整数位数"为"2",其他为默认即可,如图3.24所示。

(4) 构件移动动画连接。

①垂直移动动画连接。单击"查看"菜单,选择"状态条"选项,在屏幕下方出现状态条,状态条左侧的文字代表当前操作状态,右侧显示被选中对象的位置坐标和大小,如图3.25所示。

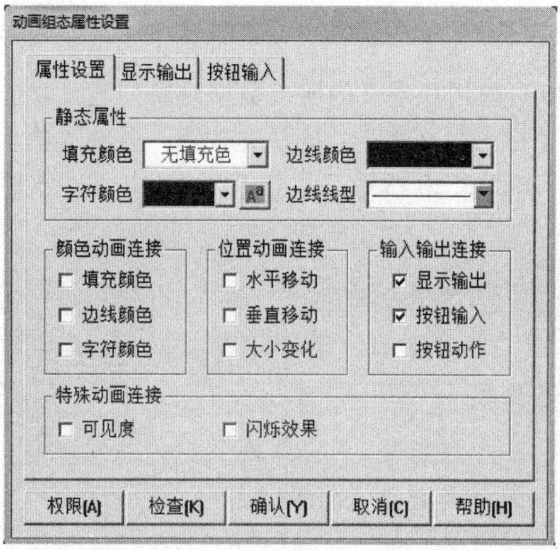

图 3.21　文本框动画组态属性设置

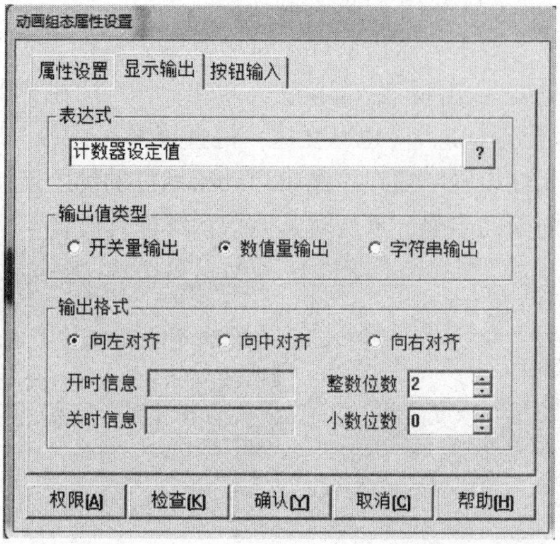

图 3.22　文本框显示输出属性设置

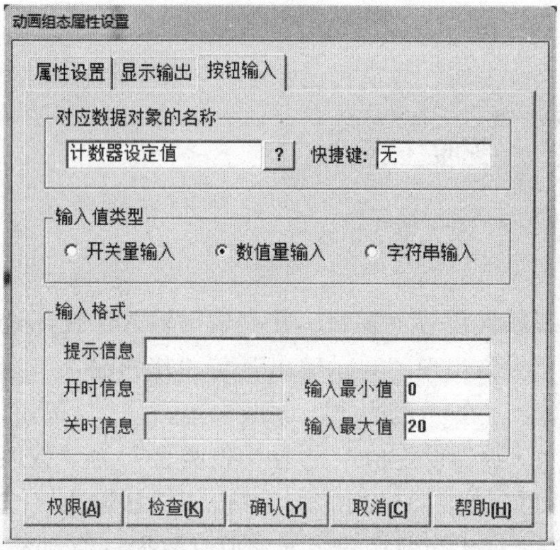

图 3.23　文本框显示输出属性设置

图 3.24　文本框按钮输入属性设置

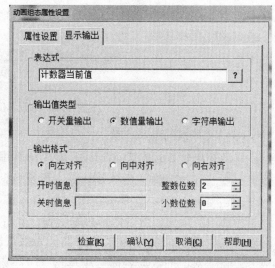

图 3.25　状态条

在上工件底边与下工件底边之间画出一条直线，根据状态条大小指示可知直线总长度，假设为 120 个像素。在机械手监控画面中选中并双击上工件，弹出"属性设置"窗口。在"位置动画连接"选项区中选择"垂直移动"选项，上方出现"垂直移动"选项卡，如图 3.26 所示。

大小变化

单击"垂直移动"选项卡，在"表达式"区域中填入"垂直移动量"。在"垂直移动连接"区域设置各项参数，如图 3.27 所示，其意思是：当垂直移动量=0 时，向下移动距离=0；当垂直移动量=25 时，向下移动距离=120。单击"确认"按钮，存盘。

[垂直移动量的最大值 = 循环次数 × 变化率 = 25 × 1 = 25；循环次数 = 下移时间（上升时间）/循环策略执行间隔 = 5 s/200 ms = 25 次。变化率为每执行一次脚本程序垂直移动量的变化，在本例中为加 1 或减 1。]

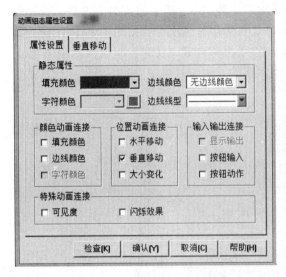

图 3.26　上工件选择垂直移动连接

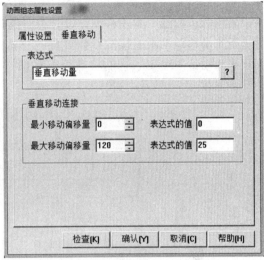

图 3.27　上工件选择垂直移动属性设置

②垂直缩放动画连接。选中下滑杆，测量其长度。在下滑杆顶边与下工件顶边之间画直线，观察长度，假设为 177 个像素。垂直缩放比例 = 直线长度 177/下滑杆长度 60，本例中假设为 2.95。选中并双击下滑杆，弹出属性设置窗口，在"位置动画连接"选项区勾选"大小变化"复选框，选择"大小变化"选项卡，按图 3.28 所示设定参数，"变化方向"为"向下"，"变化方式"为"缩放"。输入参数的意义：当垂直移动量 = 0 时，长度 = 初值的 100%；当垂直移动量 = 25 时，长度 = 初值的 295%。

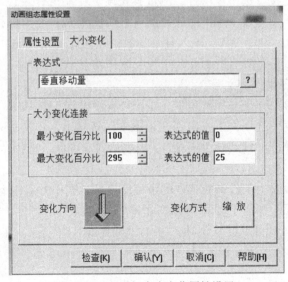

图 3.28　下滑杆大小变化属性设置

③水平移动动画连接。在工件初始位置和移动目的地之间画一条直线,记下状态条大小指示,此参数即总水平移动距离,假设移动距离为180。脚本程序执行次数=左移时间(右移时间)/循环策略执行间隔=10 s/200 ms=50次。水平移动量的最大值=循环次数×变化率=50×1=50,当水平移动量=50时,水平移动距离为180。选中并双击上工件,弹出属性设置窗口,勾选"水平移动"复选框,选择"水平移动"选项卡,按图3.29所示对上工件进行水平移动动画连接。参数设置的意思是:当水平移动量=0时,向右移动距离为0;当水平移动量=50时,向右移动距离为180。用同样的方法,对机械手和下滑杆进行水平移动动画连接。

图3.29 上工件水平移动属性设置

④水平缩放动画连接。选中左滑杆,测量其长度。在左滑杆左边与目的地之间画直线,观察长度,假设为278个像素。水平缩放比例=直线长度278/左滑杆长度103,本例中假设为2.70。按图3.30所示设定参数。填入各个参数,并注意变化方向和变化方式选择。当水平移动参数=0时,长度为初值的100%;当水平移动参数=50时,长度为初值的270%。单击"确认"按钮,存盘。

⑤工件移动动画的实现。选中下工件,打开"属性设置"选项卡,在"特殊动画连接"选项区中选择"可见度"选项,上方出现"可见度"选项卡,单击进入"可见度"选项卡,在"表达式"区域中填入"工件夹紧标志"。当表达式非零时,选择"对应图符不可见"选项,如图3.31所示。

用同样的方法,设置上工件和右工件的可见度属性。选中并双击上工件,将其可见度属性设置为与下工件相反,即当工件夹紧标志非零时,对应图符可见。选中右工件,在"属性设置"选项卡中选择"可见度"选项。进入"可见度"选项卡,在"表达式"区域中填入"物块到位标志"。当表达式非零时,选择"对应图符不可见"选项。单击"确认"按钮,存盘。

图 3.30　左滑杆大小变化属性设置

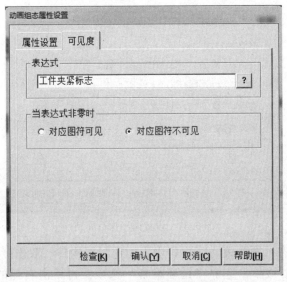

图 3.31　下工件可见度属性设置

4. 定时器构件组态

1）在循环策略中添加定时器构件

（1）单击动画组态窗口工具条中的"工作台"按钮 ![icon]，弹出"工作台"窗口，进入"运行策略"选项卡，如图 3.32 所示。

（2）设定"循环策略"循环执行周期为"200 ms"。在"运行策略"选项卡中，选中"循环策略"，单击右侧的"策略属性"按钮，或者单击鼠标右键，在弹出的快捷菜单中选择"属性"命令，即可进入"策略属性设置"对话框。在该对话框中，系统默认循环策略的定时循环执行周期为 60 000 ms，即 1 min 执行一次，对于一般的监控系统，这个周期时间太长了，所以需要修改。将定时循环执行周期时间更改为"200 ms"，如图 3.33 所示。

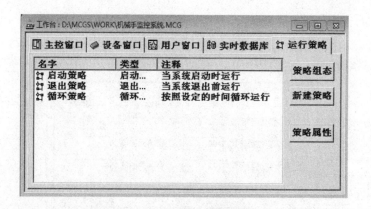

图 3.32　工作台运行策略窗口

图 3.33　设置循环执行周期

（3）在"策略组态：循环策略"窗口中添加定时器构件。双击"运行策略"选项卡中的"循环策略"选项，或单击选中"循环策略"选项，再单击右侧的"策略组态"按钮，即可进入"策略组态：循环策略"窗口，如图 3.34 所示。

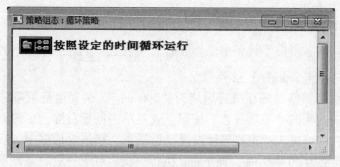

图 3.34　"策略组态：循环策略"窗口

在"策略组态：循环策略"窗口中，单击鼠标右键，在弹出的快捷菜单中选择"新增策略行"命令，或者单击窗口工具条的"新增策略行"按钮 ，在"策略组态：循环策略"窗口中可添加一个新的策略行。每一个策略行中都有一个条件部分和一个功能部分，构成了"条件–功能"的结构，如图3.35所示。

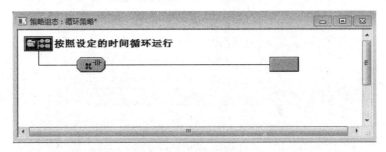

图3.35　新增策略行

单击鼠标右键，在弹出的快捷菜单中选择"策略工具箱"命令，或者单击窗口工具条中的"策略工具箱"按钮 ，弹出"策略工具箱"对话框。在"策略工具箱"对话框中选择"定时器"选项，光标呈小手形，将光标移动到策略行末端的灰色方块上并单击，"定时器"构件添加成功，如图3.36所示。

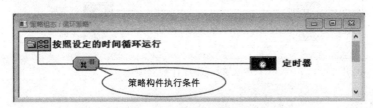

图3.36　添加定时器策略

2）定时器属性设置

在"策略组态：循环策略"窗口中，双击策略行末端的"定时器"，打开定时器的基本属性对话框。在定时器的基本属性对话框中，将"设定值"设置为"12"，表示设置定时器的定时时间为12 s。单击"当前值"文本框右侧的"?"按钮，在实时数据库中选择"计时时间"变量。使用同样的方法对剩下的3个参数进行关联设置，设置结果如图3.37所示。单击"确认"按钮，并保存设置。

5．计数器构件组态

1）在循环策略中添加计数器构件

参照添加定时器策略行的方法，新增策略行后，添加计数器策略，如图3.38所示。

2）计数器属性设置

双击策略行末端的"计数器"，打开计数器的基本属性对话框。在计数器的基本属性对话框中，单击"计数对象名"文本框右侧的"?"按钮，在实时数据库中选择"计数器脉冲"变量，"计数器事件"选择"开关型数据对象正跳变"，使用同样的方法对剩下的4个参数进行关联设置，设置结果如图3.39所示。单击"确认"按钮，并保存设置。

图 3.37 定时器属性设置

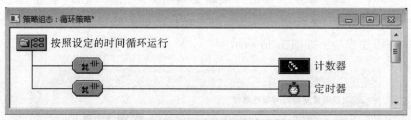

图 3.38 添加计数器策略

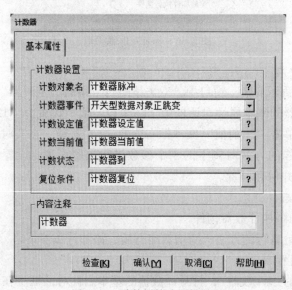

图 3.39 计数器策略属性设置

6. 监控系统整体调试

1）添加脚本策略行

在"工作台"窗口中打开"运行策略"选项卡，双击"循环策略"选项，进入"策略组态：循环策略"窗口，单击鼠标右键，在弹出的快捷菜单中选择"新增策略行"命令，即可在计数器策略行的上方增加一个新的策略行。单击新增策略行末端的小方块，其变成蓝色，表示被选中，然后在策略工具箱中双击"脚本程序"选项，脚本程序就被成功地添加到新策略行上，如图3.40所示。

双击新增策略行末端的"脚本程序"，即可打开脚本程序编辑环境，在其中可编辑脚本程序。

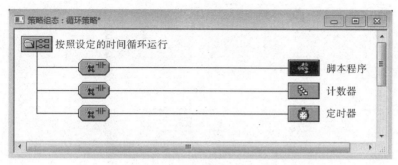

图3.40 新增脚本程序策略行

完整的参考脚本程序清单如下：
（1）水平移动量和垂直移动量的控制程序段。

```
IF 下移=1   THEN   垂直移动量=垂直移动量+1
IF 上移=1   THEN   垂直移动量=垂直移动量-1
IF 右移=1   THEN   水平移动量=水平移动量+1
IF 左移=1   THEN   水平移动量=水平移动量-1
```

（2）定时器与计数器的运行控制程序段。

```
IF 启动 = 1   THEN
    定时器复位=0
    定时器启动=1
    启动标志=1
    计数器复位 = 0
    复位标志=0
ENDIF
IF 停止 = 1 THEN
    定时器启动 = 0
    定时器复位 = 0
ENDIF
IF 停止=0 AND 启动标志=1 THEN
    定时器启动=1
    定时器复位=0
    复位标志=0
```

```
ENDIF
IF 复位 =1 OR 计数器到 = 1 THEN
    复位标志 =1
    计数器复位 = 1
    定时器复位 =1
    定时器启动 =0
    启动标志 =0
    左移 =0
    右移 =0
    上移 =0
    下移 =0
    夹紧 =0
    放松 =0
    工件夹紧标志 =0
    计时时间 =0
    垂直移动量 =0
    水平移动量 =0
    物料到位标志 =0
ENDIF
```

(3) 机械手系统运行程序段。

```
IF 定时器启动 =1 THEN
    计数器脉冲 = 0
    IF 计时时间 <5   THEN
        下移 =1
        物料到位标志 =0
    THEN
    IF 计时时间 < =7 AND 计时时间 > =5 THEN
        夹紧 =1
        下移 =0
    ENDIF
    IF 计时时间 < =12 AND 计时时间 >7 THEN
        上移 =1
        工件夹紧标志 =1
    ENDIF
    IF 计时时间 < =22 AND 计时时间 >12 THEN
        右移 =1
        上移 =0
    ENDIF
```

```
IF 计时时间 < =27 AND 计时时间 >22 THEN
    下移 =1
    右移 =0
ENDIF
IF 计时时间 < =29 AND 计时时间 >27 THEN
    放松 =1
    下移 =0
    夹紧 =0
    物料到位标志 =1
ENDIF
IF 计时时间 < =34 AND 计时时间 >29 THEN
    上移 =1
    工件夹紧标志 =0
ENDIF
IF 计时时间 < =44 AND 计时时间 >34 THEN
    左移 =1
    上移 =0
ENDIF
IF 计时时间 >44 THEN
        计数器脉冲 =1
        左移 =0
        定时器复位 =1
        放松 =0
        垂直移动量 =0
        水平移动量 =0
        物料到位标志 =0
        复位标志 =1
    ENDIF
ENDIF
```

（4）机械手系统停止程序段。

```
IF 定时器启动 =0 THEN
    下移 =0
    上移 =0
    左移 =0
    右移 =0
ENDIF
```

脚本程序编辑完成，保存操作。

2）系统整体调试

按 F5 键或单击"运行"按钮 ![], 进入组态运行环境, 观察机械手系统完整的动作过程。输入物块总数为"3", 单击"启动"按钮后, 启动指示灯亮, 机械手下滑杆开始下移, 下移指示灯亮, 5 s 后下移结束, 下移指示灯灭, 同时夹紧指示灯亮, 夹紧状态保持 2 s 后, 夹紧指示灯灭, 上移指示灯亮, 下滑杆带动物块上升 5 s 后, 上移指示灯灭, 右移指示灯亮, 机械手系统开始带动物块右移, 右移 10 s 后, 右移指示灯灭, 下移指示灯亮, 下移 5 s 后, 下移指示灯灭, 放松指示灯亮, 物块运送到指定位置, 放松状态保持 2 s 后, 放松指示灯灭, 上移指示灯亮, 下滑杆开始上移, 5 s 后上移结束, 上移指示灯灭, 左移指示灯亮, 机械手系统开始左移, 10 s 后系统回到原点位置, 已搬运物块数显示为"1", 系统自动进入下一轮执行周期。执行 3 次以后, 系统自动回到原位停止。

只要系统处于运行状态, 在任意时间单击一次"停止"按钮, 系统暂停, 再次单击"停止"按钮, 系统继续运行。在任意时间单击"复位"按钮, 系统自动回到原位停止, 只有再次启动, 系统才能再次运行。

如果观察到的结果与上述不符, 检查脚本程序, 分析原因, 修改后继续运行, 直到结果正确为止。

3.5 问题与思考

(1) MCGS 组态环境的工作台由哪几部分组成？其各有何功能？
(2) 你对 MCGS 组态中的定时器策略构件了解多少？与定时器工作相关的参数有哪些？
(3) 如何编辑制作带有可见度动画效果和闪烁动画效果的"指示灯"图符？
(4) 什么是图符的显示输出属性？它在什么情况下使用？
(5) 什么是图符的位置动画连接？通过位置动画连接可实现哪些动画效果？
(6) 如何利用某个数据对象值的变化控制其他数据对象值的变化？
(7) 在机械手组态中, 左滑杆的水平伸缩效果是如何实现的？属性设置窗口的相关参数如何计算？
(8) 在机械手组态中, 物料块的水平移动效果是如何实现的？属性设置窗口的相关参数如何计算？
(9) 为什么要将循环策略执行周期修改为 200 ms？
(10) 如何删除多余的数据对象？

实践项目 3 电动大门监控系统设计

1. 控制要求

(1) 门卫在警卫室通过操作开门按钮、关门按钮和"停止"按钮控制大门。
(2) 当门卫按下开门按钮后, 报警灯开始闪烁, 提示所有人员和车辆注意。5 s 后, 门开始打开, 当门完全打开时, 门自动停止, 报警灯停止闪烁。
(3) 当门卫按下关门按钮时, 报警灯开始闪烁。5 s 后, 门开始关闭, 当门完全关闭后, 门自动停止, 报警灯停止闪烁。
(4) 在门运动的过程中, 任何时候只要门卫按下"停止"按钮, 门马上停止在当前位置, 报警灯停闪。
(5) 在关门的过程中, 只要门夹住人或物品, 门立即停止运动, 以防止伤害。

2. 参考界面

电动大门监控系统用户窗口如图 3.41 所示。

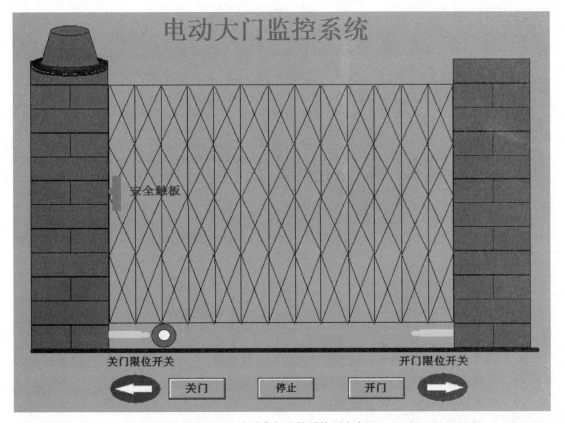

图 3.41　电动大门监控系统用户窗口

项目四 模拟水位控制工程监控系统

4.1 项目导入

1. 学习目标

(1) 熟练使用 MCGS 通用版软件组建工程的一般步骤；
(2) 熟练水位控制工程监控系统的画面设计及动画连接方法；
(3) 掌握模拟设备的连接及设置；
(4) 掌握报警显示的定义及组态；
(5) 掌握历史曲线和实时曲线的定义及组态；
(6) 熟练脚本程序编程；
(7) 掌握定义报警及其实现方法。

2. 项目描述

水位控制工程由2个水罐、1个水泵、1个调节阀、1个出水阀及部分管路组成，如图4.1所示。要求实现以下功能：

(1) 当水罐1的水位小于9时，水泵开启，否则水泵关闭；
(2) 当水罐2的水位小于1时，出水阀关闭，否则出水阀开启；
(3) 当水罐1的水位大于1，水罐2的水位小于6时，调节阀开启；
(4) 水罐水位在组态界面实时监控；
(5) 能够实现水泵、调节阀、出水阀及管道运行状态监控；
(6) 实现水罐水位的高低限报警输出及打印，其中高低限报警值可在组态界面上设置，同时有指示灯动画显示；
(7) 能够监控水罐水位的实时曲线及历史变化趋势；
(8) 能够监控水位实时数据，并能够打印历史数据；
(9) 设置管理员权限和操作员权限：管理员具有所有权限，操作员只具有操作水泵的权限。

水位控制工程监控系统如图 4.1 所示。

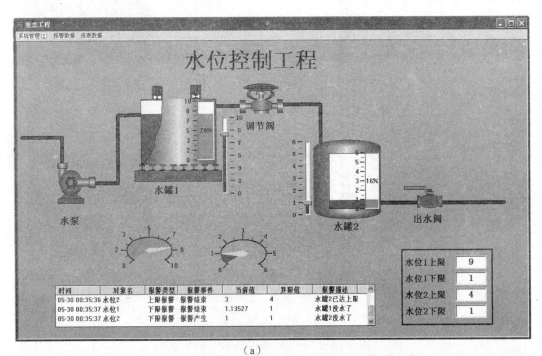

(a)

(b)

图 4.1 水位控制工程监控系统
(a) 水位监控画面；(b) 数据显示画面；

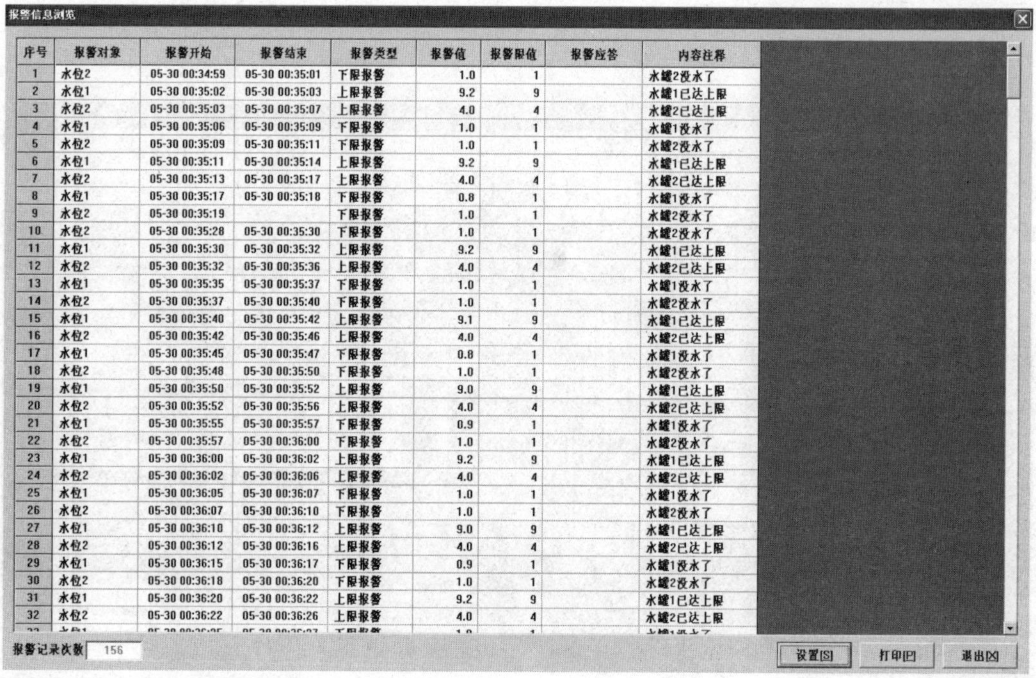

（c）

图4.1 水位控制工程监控系统（续）
（c）历史数据报警信息

4.2 项目资讯

1. 输入框构件

输入框的作用是在MCGS运行环境下使用户从键盘输入信息，通过合法性检查之后，将它转换适当的形式，赋给实时数据库中所连接的数据对象。输入框同时可以作为数据输出的器件，显示所连接的数据对象的值。

输入框具有激活状态和不激活状态两种工作模式。在MCGS运行环境中，当输入框处于不激活状态时，其作为数据输出用的窗口，将显示所连接的数据对象的值，并与数据对象的变化保持同步；如果在MCGS运行环境中单击输入框，可使输入框进入激活状态，此时可以根据需要输入对应变量的数值。

输入框的属性设置包括基本属性、操作属性和可见度属性。基本属性可以设定输入框的外观、边框和和字体的对齐方式等，操作属性用来指定输入框对应的数据变量和其取值范围，可见度属性用来设定运行时输入框的可见度条件。

输入框具有可见与不可见两种状态。当指定的可见度表达式被满足时，呈现可见状态，此时单击输入框，可激活它。当不满足指定的可见度表达式时，输入框处于不可见状态，不能向输入框中输入信息，此例不设置可见度属性，表示该输入框始终处于可见状态。

2. 流动块构件

流动块构件是用于模拟管道内气体或液体流动的动画构件，分为两部

输入框、滑动块、百分比

分：管道和位于管道内部的流动块。流动块构件的管道可以显示为三维或平面的效果，当使用三维效果时，管道使用两种颜色（填充颜色和边线颜色）进行填充。在 MCGS 组态环境下，管道内部的流动块是静止不动的，但在 MCGS 运行环境下，流动块可以按照用户的组态设置从构件的一端向另一端流动。流动块的属性设置分为基本属性、流动属性和可见度属性。

基本属性的设置包括：管道外观、管道宽度、填充颜色、边线颜色和流动块颜色、长度、宽度、间隔、流动方向、流动速度等。在该工程中，为了整体的构图，需要选择流动块颜色为红色，选择管道的填充颜色和边线颜色为浅灰色和灰色。在该窗口中，因为绘制的液体管路的排放方向是向右的，所以流动块的流动方向选择"从左向右"，管道的宽度可以直接在属性设置的对话框中进行更改，也可以在用户窗口中用鼠标拖动构件进行更改。基本属性的其他参数为默认设置，如图 4.2 所示。

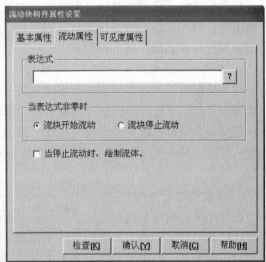

图 4.2 "流动块构件属性设置"对话框

3. 报警显示构件

报警显示构件专用于实现 MCGS 系统的报警信息管理、浏览和实时显示的功能。该构件直接与 MCGS 系统中的报警子系统相连接，将系统产生的报警事件显示给用户。报警显示构件在可见的状态下，将系统产生的报警事件逐条显示出来。在 MCGS 运行时，每条报警事件中将显示报警时间、对应的数据对象名、报警类型、报警事件、数据对象的当前值、数据对象的界限值和报警描述。报警类型包括上限报警、上上限报警、下限报警、下下限报警、下偏差报警和上偏差报警和开关量报警等。报警事件包括报警产生、报警结束和报警应答；报警描述显示数据对象报警的描述信息。

该构件的可见度设置包括可见与不可见两种显示状态。对于锅炉控制系统中的液位报警信息可不设定其可见度条件，即在任何情况下均显示该构件。

4. 仪表盘构件

仪表盘构件包括旋转仪表和旋转输入器。

旋转仪表是模拟旋转式指针仪表的一种动画图形，用来显示所连接的数值型数据对象的值。旋转仪表的指针随数据对象值的变化而不断改变位置，指针所指向的刻度值即所连接的数据对象的当前值。其属性设置包括基本属性、刻度与标注属性、操作属性和可见度属性。基本属性可以指定指针的颜色、填充颜色、圆边的颜色和线性、指针边距和宽度，也可以装载个性的背景图。刻度与标注属性可设定旋转仪表的刻度表示方法，包括颜色、分度、字体等，标注显示的方式和位置。操作属性可以设定其对应的数据对象、旋转仪表的跨度范围和旋转仪表的整个显示跨度与数据对象值的关系。可见度属性设置该构件的可见度条件。

MCGS 的动画构件中还包括选转输入器，它用来数据对象的显示。在运行时，用户不能改变对应数据对象的值。与旋转仪表不同的是，旋转输入器在运行时用来对工程中的指定数据对象进行赋值。在 MCGS 运行环境下，当鼠标位于旋转输入器的上方时，光标将变为带方向箭头的形状，表示可以执行旋转操作。当光标位于旋钮的右半边时，为顺时针箭头，表示用户的操作将使旋钮沿顺时针方向旋转；当光标位于旋钮的左半边时，为逆时针箭头，表示用户的操作将使旋钮沿逆时针方向旋转。如果用户单击鼠标左键，旋钮输入器构件将按照用户的要求转动，旋钮上的指针所指的刻度值即所连接的数据对象的值。旋转输入器构件的组态过程与旋转仪表构件基本相同。

5. 滑动输入器构件

这是模拟滑块直线移动实现数值输入的一种动画图形，它使用户能用滑轨来完成改变对应数据对象值的功能。运行时，当鼠标经过滑动输入器构件的滑动块上方时，鼠标指针变为手状光标，表示可以执行滑动输入操作，即按住鼠标左键拖动滑块，改变滑块的位置，进而改变构件所连接的数据对象的值。其属性设置窗口和属性设置的方法与旋转输入器构件类似。

6. 百分比填充构件

百分比填充构件是以变化长度的长条形图来可视化实时数据库中的数据对象。同时，在百分比填充构件的中间，可用数字的形式来显示当前填充的百分比。利用构件可见与不可见的相对长度关系，即可实现按百分比填充的动画效果。

其动画连接属性包括基本属性、刻度与标注属性、操作属性和可见度属性，可以调整百分比显示的颜色、边界类型、三维效果、主划线和次划线的数目、颜色、长度和宽度、标注丈字的颜色、字体、标注间隔和标注的小数位位数、填充和表达式的连接关系及可见度设置等。

7. 动画构件

动画按钮是一种特殊的按钮构件，专用于实现类似多挡开关的效果。此构件与实时数据库中的数据对象相连接，通过多幅位图显示对应数据对象的值所处的范围。此构件也可接受用户的按键输入，在规定的多个状态之间切换，以改变所连接的数据对象的值。此构件在可见的状态下，当鼠标移到构件上方时，将变为手状光标，表示可以进行单击鼠标左键的操作。

8. 动画显示构件

动画显示构件用于实现动画显示和多态显示的效果。通过与表达式建立连接，动画显示构件用表达式的值来驱动切换显示多幅位图。在多态显示方式下，构件用表达式的值来寻找分段点，显示指定分段点对应的一幅位图。在动画显示方式下，当表达式的值非零时，构件按指定的频率，循环顺序切换显示所有分段点对应的位图。多幅位图的动态切换显示就实现了特定的动画效果。

9. 自由表格构件

在工程应用中，大多数监控系统需要对数据采集设备采集的数据进行存盘、统计分析，并根据实际情况打印出数据报表。所谓数据报表，就是根据实际需要以一定格式将统计分析后的数据记录显示和打印出来，如实时数据报表、历史数据报表。数据报表在工控系统中是必不可少的一部分，是数据显示、查询、分析、统计、打印的最终体现，是整个工控系统的最终结果输出；数据报表是对生产过程中系统监控对象的状态的综合记录和规律总结。

自由表格的功能是在 MCGS 运行时显示所连接的数据对象的值。自由表格中的每个单元称为表格的表元，可以建立每个表元与数据对象的连接。对没有建立连接的表格表元，构件不改变表格表元内原有的内容。

利用 MCGS 的绘图工具条上的快捷键，可以方便地对表格进行各种编辑工作，包括增加或删除表格的行和列、改变表格表元的高度和宽度、输入表格表元的内容等。双击自由表格，工具条上就会出现图 4.3 所示的自由表格编辑快捷键菜单。

图 4.3　自由表格编辑快捷菜单

在编辑模式下，可以直接在表格表元中填写字符，如果没有建立此表格表元与数据对象的连接，则运行时这些字符将直接显示出来。如果建立了此表格表元与数据库的连接，则在 MCGS 运行环境下，自由表格将显示这些数据对象的实时数据。

10. 历史表格构件

历史表格可以实现强大的报表和统计功能，如显示和打印静态数据、在运行环境中编辑数据。显示和打印动态数据、显示和打印历史记录、显示和打印统计结果等。用户可以在窗口中利用历史表格构件强大的格式编辑功能，配合 MCGS 的画图功能设计出各种精美的报表。

历史表格编辑和显示的设定与自由表格的设置方法类似。历史表格有两种连接模式：一种是用表元或合成表元连接 MCGS 实时数据库变量以实现对指定表格单元进行统计的功能，另一种是用表元或合成表元连接 MCGS 历史数据库以实现对指定历史记录进行显示和统计的功能。这两种连接模式可以通过历史表格的"数据来源"页的设置来实现。数据来源包括"组对象的存盘数据""标准 Access 数据库文件""ODBC 数据库"3 种。

11. 内部函数简介

MCGS 为用户提供了一些常用的数学函数和对 MCGS 内部对象进行操作的函数。组态时，可在表达式或用户脚本程序中直接使用这些函数。为了与其他名称区别，系统内部函数的名称一律以"!"符号开头。MCGS 共提供了 11 种系统函数：运行环境操作函数、数据对象操作函数、用户登录操作函数、字符串操作函数、定时器操作函数、系统操作函数、数学函数、文件操作函数、ODBC 数据库函数、配方操作函数和时间函数。每种函数又包括具有不同功能的多个函数，各函数的详细使用方法和功能可以参阅本书的附录。

4.3　项目分析

样例工程定义的名称为"水位控制系统.mcg"工程文件，其由五大窗口组成。本项目总共建立了 2 个用户窗口，分别为水位控制窗口和数据显示窗口；建立了 2 个主菜单，分别为报警显示菜单和报表显示菜单。

1. 动画图形的制作

图形元件的实现方法见表4.1。

表4.1 图形元件的实现方法

序号	图形中的元件	实现方法
1	水泵、水箱、阀门	由对象元件库引入
2	管道	工具箱中的流动块
3	旋转式指针仪表	由对象元件库引入
4	水位控制滑块	工具箱中的滑动器
5	报警动画显示灯	由对象元件库引入

2. 运行策略

循环策略：两个水罐液位上、下限设计脚本程序，水泵与水罐之间的关联启停控制脚本程序。

用户策略：新建两个用户策略，分别用来报表数据显示和报警数据显示。

3. 设备连接

添加模拟设备，用于提供水位模拟信号。

4. 主控窗口

添加两个菜单，分别用于打开历史报警数据窗口和历史报表数据窗口。

4.4 项目实施

1. 建立 MCGS 新工程

双击"MCGS 组态环境"图标，进入 MCGS 组态环境。在"文件"菜单中选择"新建工程"命令，在"文件"菜单中选择"工程另存为"命令，把新建工程存为"D:\MCGS\WORK\水位控制系统"，如图4.4所示。

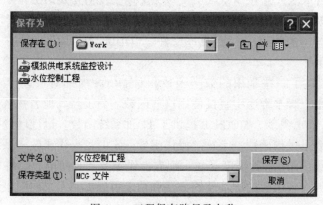

图4.4 工程保存路径及名称

2. 定义数据对象

根据工程分析，初步确定工程所需数据变量，见表4.2。

表 4.2　水位控制工程数据变量表

变量名称	类　　型	注　　释
报警灯1	开关型	水罐1水位超限报警指示
报警灯2	开关型	水罐2水位超限报警指示
水泵	开关型	控制水泵"启动""停止"的变量
调节阀	开关型	控制调节阀"打开""关闭"的变量
出水阀	开关型	控制出水阀"打开""关闭"的变量
水位1	数值型	水罐1的水位高度，用来控制1#水罐水位的变化
水位2	数值型	水罐2的水位高度，用来控制2#水罐水位的变化
水位1上限	数值型	用来在运行环境下设定水罐1的上限报警值
水位1下限	数值型	用来在运行环境下设定水罐1的下限报警值
水位2上限	数值型	用来在运行环境下设定水罐2的上限报警值
水位2下限	数值型	用来在运行环境下设定水罐2的下限报警值
水位组	组对象	用于历史数据、历史曲线、报表输出等功能构件

单击工作台的"实时数据库"窗口标签，进入"实时数据库"窗口页。单击"新增对象"按钮，在窗口的数据变量列表中增加新的数据变量，多次单击该按钮，则增加多个数据变量，系统缺省定义的名称为"Data1""Data2""Data3"等。选中变量，单击"对象属性"按钮或双击选中变量，则打开对象属性设置窗口。指定名称类型：在窗口的数据变量列表中，用户将系统定义的缺省名称改为用户定义的名称，并指定类型，在注释栏中输入变量注释文字。以"水位1"变量为例，在"基本属性"选项卡中，"对象名称"为"水位1"，"对象类型"为"数值"；其他不变。本系统中要定义的数据变量如图4.5所示。

(a)

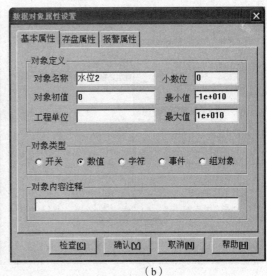
(b)

图 4.5　定义数值型变量
(a) 建立"水位1"变量；(b) 建立"水位2"变量

按照以上方法,将表 4.2 所示的变量在实时数据库中创建完成,如图 4.6 所示。

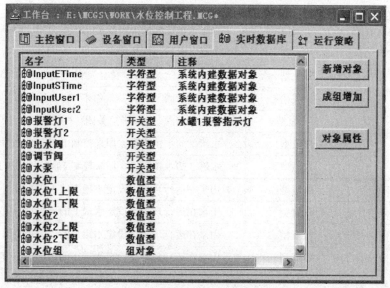

图 4.6　实时数据库中的全部数据对象

3. 画面设计及动态连接

1) 窗口创建

在 MCGS 组态平台上,单击"用户窗口"选项卡,在"用户窗口"中单击"新建窗口"按钮,则产生新"窗口 0""窗口 1"。选中"窗口 0",单击"窗口属性"按钮,打开"用户窗口属性设置"对话框,将"窗口名称"改为"水位控制";将"窗口标题"改为"水位控制";在"窗口位置"选项区中选择"最大化显示"选项,其他不变,单击"确认"按钮。用同样的方法,将"窗口 1"改成"数据显示",如图 4.7 所示。

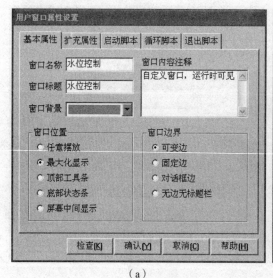
(a)

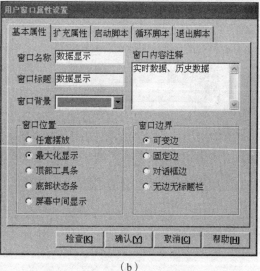
(b)

图 4.7　"水位控制工程"用户窗口的创建
(a)"水位控制"窗口属性设置;(b)"数据显示"窗口属性设置;

(c)

图4.7 "水位控制工程"用户窗口的创建(续)

(c) "用户窗口"选项卡的显示

选中刚创建的"水位控制"用户窗口,单击"动画组态"按钮,进入动画制作窗口,如图4.8所示。

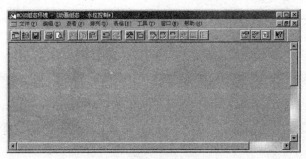

图4.8 "水位控制"动画组态窗口

2)水位控制画面设计

(1)单击工具箱中的"插入元件"图标 ，打开"对象元件库管理"对话框,在左侧"对象元件列表"中选择"储藏罐"选项,在右侧展示的储藏罐中选择"罐17"和"罐53",如图4.9所示。调整罐的大小,摆放在合适的位置。

用同样的方法,在"对象元件库管理"中找到"阀"→"阀44"和"阀56","泵"→"泵44"和"泵40",并调整图形元件的大小及位置。

双击"水罐1"图符,在"数据对象"选项卡中的"大小变化"中连接数据库对象中的"水位1",用同样的方法将"水罐2"图符的数据对象与"水位2"建立动画连接,如图4.10所示。

双击"调节阀"图符,在"数据对象"选项卡中的"按钮输入"和"填充颜色"中连接数据库对象中的"调节阀",用同样的方法将"出水阀"图符的数据对象与"出水阀"建立动画连接,如图4.11所示。

其中,调节阀和出水阀的"按钮输入"连接数据对象变量后,在运行环境中可以通过鼠标操作来"打开"和"关闭"阀门。

图 4.9 "对象元件库管理"对话框

图 4.10 水罐的动画连接

调节阀的"填充颜色"连接数据对象变量后,在运行环境中阀门的颜色会变化,调节颜色变化时可以单击"动画连接"选项卡中与"填充颜色"对应的"组合图符",单击右侧的 > 按钮,打开阀门填充颜色的"动画组态属性设置"对话框,单击分段点所对应的颜色即可调整,"0"代表阀门关闭状态时的填充颜色,"1"代表阀门打开状态时的填充颜色,如图 4.12 所示。

图 4.11　阀门的动画连接

图 4.12　调节阀门填充颜色设置

出水阀的"可见度"连接数据对象变量后，在运行环境中可以通过颜色区分出水阀的打开与关闭状态。单击"出水阀"图符的"动画连接"选项卡，有两个"可见度"数据类型的"折线"，通过这两个"折线"的可见度设置，可指示出水阀的打开和关闭状态。选中其中一个"折线"，单击其后的 > 按钮，打开"动画组态属性设置"对话框，在"属性设置"选项卡的"填充颜色"中选择"绿色"；在"可见度"选项卡的"表达式"区域选择数据对象"出水阀"，并点选"对应图符可见"单选框，用同样的方法设置另一条"折线"的"填充颜色"为"红色"，数据对象连接"出水阀"，点选"对应图符不可见"单选框，如图 4.13 所示。在运行环境中，"出水阀"为"1"时，阀门显示"绿色"，为"0"时，阀门显示"红色"。

 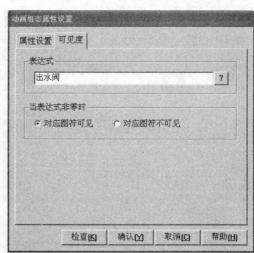

图 4.13 出水阀可见度设置

（2）单击工具箱中的"流动块"图标 ▭，将设备连接在一起，如图 4.14 所示。

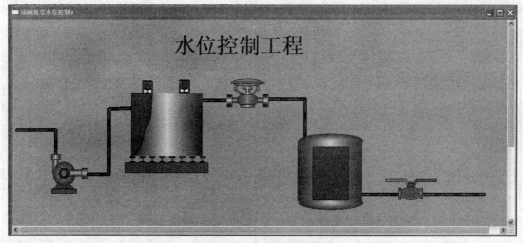

图 4.14 用户窗口整体布局

流动块的属性设置如图 4.15 所示，但是并不是所有的流动块都连接一个变量，要看需要编辑的流动块的控制变量是什么，以和水泵连接的两段流动块为例，其均受控于水泵的启停，因此，这两段流动块的"流动属性"连接变量"水泵"，其他流动块管路的编辑方法相同。

（3）文字标签。

单击工具箱中的"标签"按钮 A，在窗口阀门下面合适的位置将之拖动至合适的大小，输入文字"调节阀"，单击窗口空白处，保存退出；双击文本标签图符，单击"字符颜色"旁的"字体"图标 Aa，打开字体编辑对话框。

按照上述方法，将用户窗口中的阀门、水罐、水泵都使用文字标签标注出来，如图 4.16 所示。

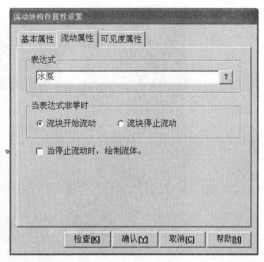

图 4.15 流动块的基本属性及数据变量连接

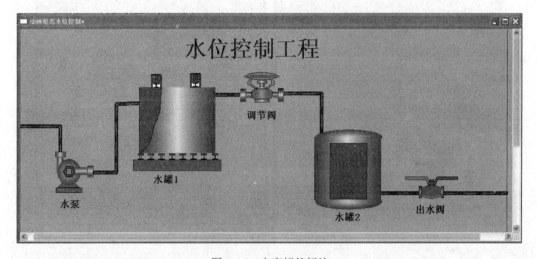

图 4.16 文字标签标注

(4) 水位指示。

水罐水位的显示有两种,一种是利用百分比填充的方式,动态显示当前水位值,另一种是通过仪表指针的形式指示水位值。下面分别介绍两种方法。绘制好的水位指示界面如图 4.17 所示。

单击工具箱中的"百分比填充"图标 ![icon]，在水罐 1 和水罐 2 上的适当位置拖出适当大小的图符,其设置方法如图 4.18 所示。

单击工具箱中的"旋转仪表"图标 ![icon]，在窗口中的适当位置拖出适当大小的图符,绘制两个仪表,分别指示水罐 1 和水罐 2 的水位值,如图 4.19 所示。

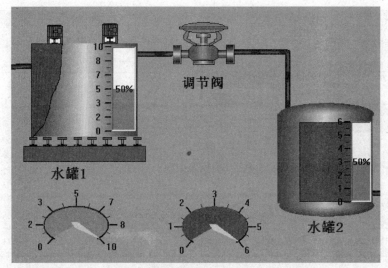

图 4.17　添加旋转仪表和水位指示百分比

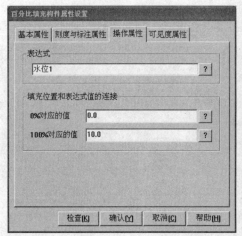 

图 4.18　百分比填充构件的编辑

　　选择"文件"菜单中的"保存窗口"命令，则可对所完成的画面进行保存。

　　单击菜单工具条中的"工作台"图标 ，显示工作台，在"用户窗口"中选中"水位控制"，单击鼠标右键，选择"设置为启动窗口"命令，这样工程运行后会自动进入"水位控制"窗口，如图 4.20 所示。

　　(5) 水位调节。

　　对水罐水位使用滑动输入器进行调节。在工具箱中选中"滑动输入器" 图标，当鼠标变为"十"字形后，拖动鼠标到适当大小，然后双击进入属性设置，以水位 1 为例，具体操作如下：

　　在"滑动输入器构件属性设置"对话框的"操作属性"选项卡中，把对应数据对象的名称改为"水位 1"，可以单击 图标，到库中选择，也可手动输入；将"滑块在最右边时对应的值"设为"10"。

(a)　(b)　(c)　(d)

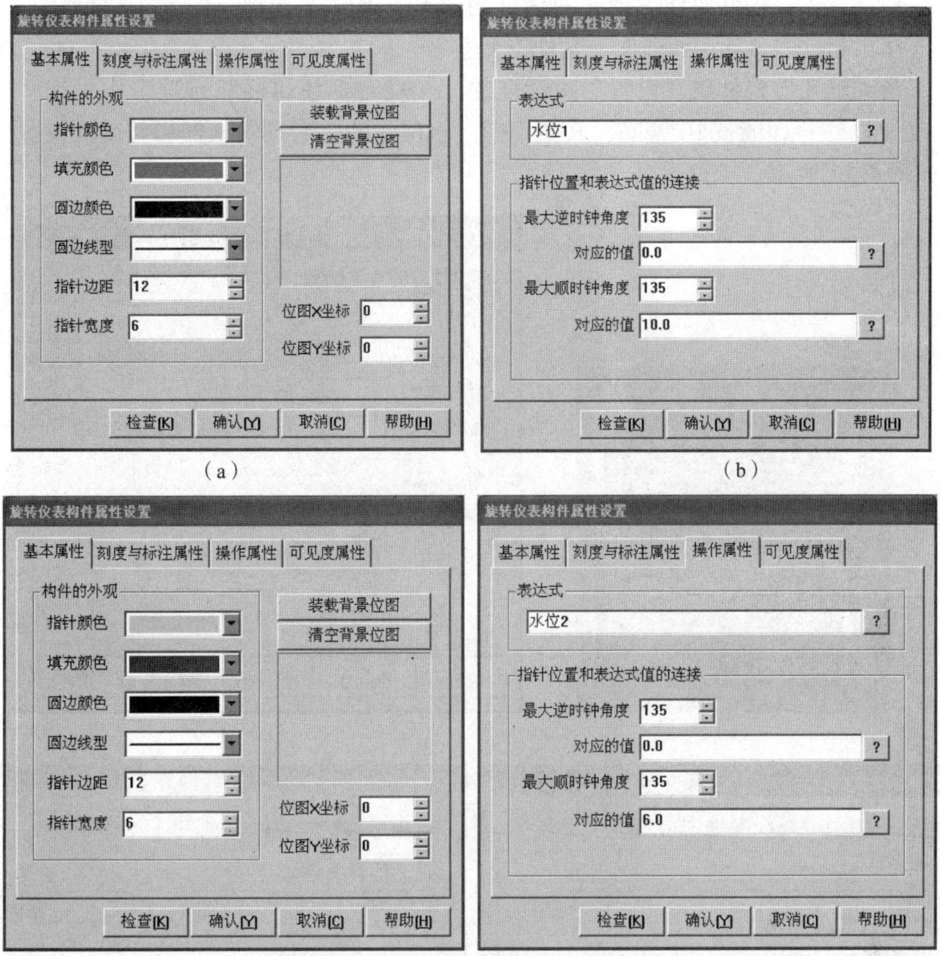

图 4.19　旋转仪表设置

(a) 旋转仪表指示水位 1 基本属性设置；(b) 旋转仪表指示水位 1 操作属性设置；
(c) 旋转仪表指示水位 2 基本属性设置；(d) 旋转仪表指示水位 2 操作属性设置

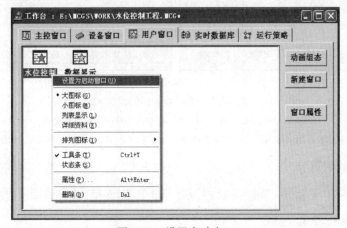

图 4.20　设置启动窗口

在"滑动输入器构件属性设置"对话框的"基本属性"选项卡中,在"滑块指向"选项区中选择"指向左(上)"选项,其他不变。

在"滑动输入器构件属性设置"对话框的"刻度与标注属性"选项卡中,把"主划线数目"改为"5",即能被10整除,其他不变。水位2的"滑动输入器构件属性设置"同水位1,如图4.21所示。

(a)

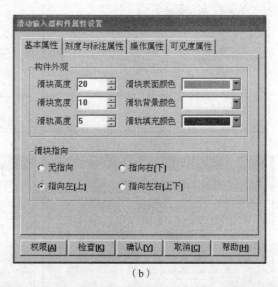
(b)

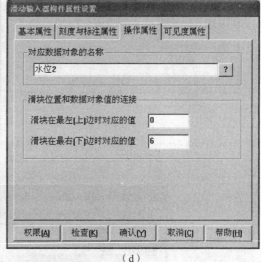
(c)　　　　　　　　　　　　　　　　(d)

图4.21　滑动输入器的设置

(a) 窗口中的滑动输入器;(b) 滑动输入器的基本属性设置;
(c) 水位1滑动输入器的操作属性设置;(d) 水位2滑动输入器的操作属性设置

(6) 画面下载调试。

在"文件"菜单中选择"进入运行环境"命令或按F5键或单击工具条中的 图标,都可以进入运行环境。

这时可看见的画面并不能动,移动鼠标到"水泵""调节阀""出水阀"上面的红色部分，会出现一只"小手"，单击，红色部分变为绿色，同时流动块相应地运动起来，但水罐仍没有变化，这是由于没有信号输入，也没有人为地改变其值。此时可以用如下方法改变其值，使水罐动起来：

按 F5 键或直接单击工具条中的 图标，进入运行环境后，通过拉动滑动输入器而使水罐中的液面动起来。

4. 模拟设备连接

模拟设备是 MCGS 根据设置的参数产生一组模拟曲线的数据，以供用户调试工程。此构件可以产生标准的正弦波、方波、三角波、锯齿波信号，且其幅值和周期可以任意设置。现在通过模拟设备，可以使动画自动运行起来，而不需要手动操作，其具体操作如下：

在"设备窗口"中单击工具条中的"工具箱"图标 ，打开设备工具箱，如图 4.22 所示。如果在设备工具箱中没有发现"模拟设备"，请单击设备工具箱中的"设备管理"按钮进入。在"可选设备"列表中可以看到 MCGS 所支持的大部分硬件设备。在"通用设备"中打开"模拟设备"，双击"模拟设备"，单击"确认"按钮后，在设备工具箱中就会出现"模拟设备"，双击"模拟设备"，则会在"设备窗口"中加入"模拟设备"。

图 4.22　设备工具箱及设备管理

双击"设备0 - [模拟设备]"，进入模拟设备属性设置，如图 4.23 所示。

图 4.23　设备组态窗口

在"设备属性设置"对话框中,单击"内部属性",会出现 图标,单击进入"内部属性"设置,把通道1的最大值设为10,把通道2的最大值设为6,其他不变,设置好后单击"确认"按钮退到"基本属性"选项卡。在"通道连接"选项卡中的"对应数据对象"中输入变量,为第一个通道对应输入"水位1",为第二个通道对应输入"水位2",或在所要连接的通道中单击鼠标右键,到实时数据库中选中"水位1""水位2"也可把选中的数据对象连接到相应的通道。在"设备调试"选项卡中可看到数据变化,如图4.24所示。

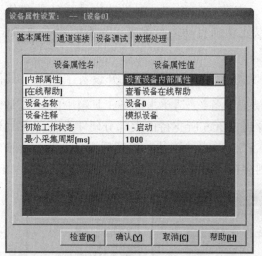

图4.24 模拟设备连接及组态

(a) 模拟设备的基本属性设置;(b) 模拟设备的内部属性设置;
(c) 模拟设备的通道连接;(d) 模拟设备的通信调试

这时再进入运行环境,就会发现水位控制系统自动地运行起来了,但美中不足的是阀门不会根据水罐中的水位变化自动开启。这需要通过运行策略来实现。

5. 脚本程序设计

在"运行策略"中,双击"循环策略"进入,双击 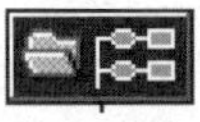 图标打开"策略属性设置"对话框,如图 4.25 所示,只需要把"循环时间"设为 200 ms,单击"确定"按钮即可。

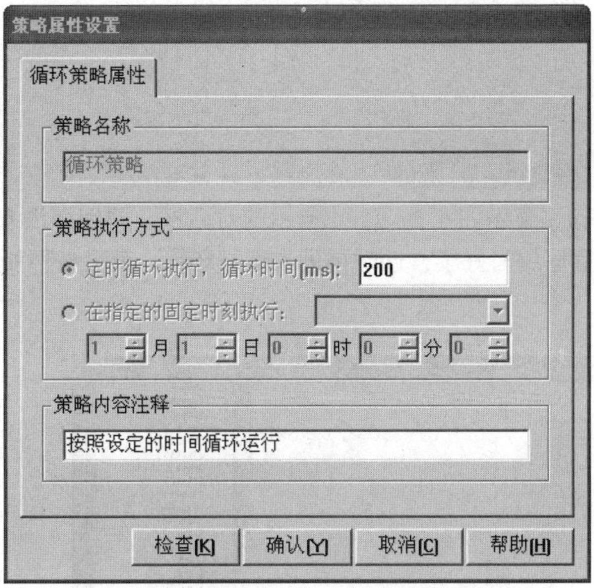

图 4.25　循环策略的循环运行时间设定

在策略组态中,单击工具条中的"新增策略行"图标 ,或在窗口空白处单击鼠标右键,选择"新增策略行"命令。在策略组态中,如果没有出现策略工具箱,请单击工具条中的"工具箱"图标 ,即弹出策略工具箱。

单击策略工具箱中的"脚本程序",把鼠标移出策略工具箱,会出现一个"小手",把"小手"放在  上,单击鼠标左键,如图 4.26 所示。

图 4.26　添加一条脚本程序构件

双击  图标进入脚本程序编辑环境,输入如下脚本程序,如图 4.27（a）所示。

```
IF 水位1 <9 THEN
   水泵 =1
ELSE
   水泵 =0
ENDIF
IF 水位2 <1 THEN
```

```
            出水阀 = 0
        ELSE
            出水阀 = 1
        ENDIF
        IF 水位 1 >1 and  水位 2 <6 THEN
            调节阀 = 1
        ELSE
            调节阀 = 0
        ENDIF
```

单击"检查"按钮，显示图 4.27（b）所示的对话框，即编译没有错误，单击"确认"按钮保存退出。脚本程序编写好了，这时再进入运行环境，就会按照所需要的控制流程，出现相应的动画效果。

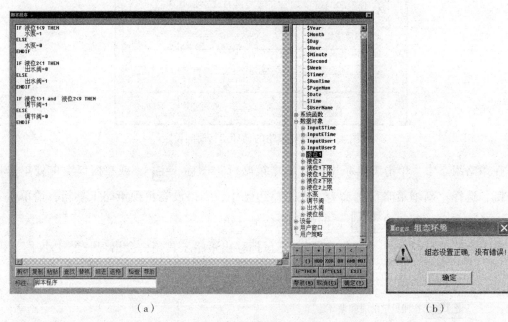

图 4.27　脚本程序编辑
(a) 脚本程序编辑窗口；(b) 组态编译检查

6. 报警显示与报警数据

MCGS 把报警处理作为数据对象的属性，封装在数据对象内，由实时数据库自动处理。当数据对象的值或状态发生改变时，实时数据库判断对应的数据对象是否发生了报警或已产生的报警是否已经结束，并把所产生的报警信息通知给系统的其他部分。同时，实时数据库根据用户的组态设定，把报警信息存入指定的存盘数据库文件中。

1) 定义报警

对于"水位 1"变量，在实时数据库中，双击"水位 1"，在"报警属性"选项卡中，选择"允许进行报警处理"选项；在"报警设置"区域选择

定义报警

"上限报警"选项,把"报警值"设为9 m;把"报警注释"设为"水罐1的水已达上限";在"报警设置"区域选择"下限报警"选项,把"报警值"设为1 m;把"报警注释"设为"水罐1没水了"。在"存盘属性"选项卡中,选择"自动保存产生的报警信息"选项。

对于"水位2"变量来说,只需要把"上限报警"的"报警值"设为4 m,其他不变,如图4.28所示。属性设置好后,单击"确认"按钮即可。

还需要定义一个"组"变量,将所有需要报警的变量添加到一起。"水位组"变量的属性设置:在"基本属性"选项卡中,"对象名称"为"水位组","对象类型"为"组对象",其他不变。在"存盘属性"选项卡中,在"数据对象值的存盘"区域选择"定时存盘"选项,"存盘周期"设为"5秒"。在"组对象成员"选项卡中选择"水位1""水位2"。具体设置如图4.29所示。

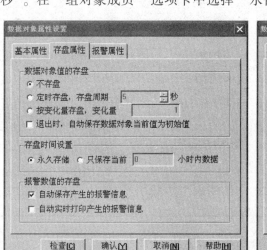

图4.28 "水位1"数据对象变量的报警信息设置

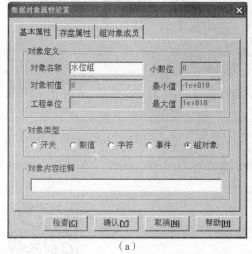
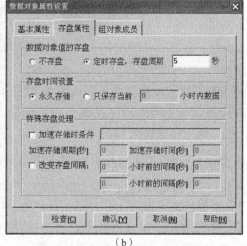

(a) (b)

图4.29 "水位组"数据对象的创建

(a)"水位组"数据对象的基本属性;(b)"水位组"数据对象的存盘属性

开关量变量的创建如图4.30所示,以"调节阀"和"出水阀"两个变量为例。

2）报警显示

实时数据库只负责关于报警的判断、通知和存储3项工作，而报警产生后所要进行的其他处理操作（即对报警动作的响应），则需要在组态时实现。

在 MCGS 组态平台上，单击"用户窗口"，在"用户窗口"中，选中"水位控制"窗口，双击"水位控制"或单击"动画组态"进入。在工具条中单击"工具箱"图标，弹出工具箱，在工具箱中单击"报警显示"图标 ，鼠标变为"十"字形后将之拖动至适当位置与大小，如图4.31所示。

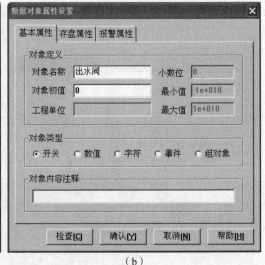

（a）　　　　　　　　　　　　　　　（b）

图 4.30　开关型数据对象的创建

（a）"调节阀"数据对象的基本属性；（b）"出水阀"数据对象的基本属性

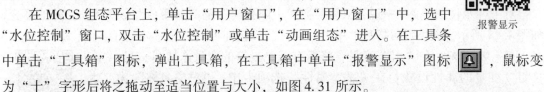

图 4.31　报警显示

双击数据报警图形构件，弹出图 4.32 所示的对话框。

在"报警显示构件属性设置"对话框中，把"对应的数据对象的名称"改为"水位组"，把"最大记录次数"设为"6"，其他不变，单击"确认"按钮，报警显示设置完毕。

此时按 F5 键或单击工具条中的 图标，进入运行环境，此时可发现报警显示已经实现了。

3）报警数据处理

在报警定义时，本项目已经让当有报警产生时"自动保存产生的报警信息"，接下来对报警数据进行处理。

在"运行策略"中单击"新建策略"按钮，弹出"选择策略的类型"对话框，选择"用户策略"选项，单击"确定"按钮，如图4.33

运行策略 – 报警信息浏览控件、创建菜单

图4.32 "报警显示构件属性设置"对话框

所示。选中"策略1",单击"策略属性"按钮,弹出"策略属性设置"对话框,把"策略名称"设为"报警数据",把"策略内容注释"改为"水罐的报警数据",单击"确认"按钮,如图4.34所示。

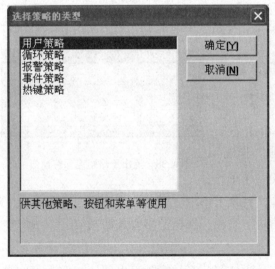

图4.33 新增用户策略

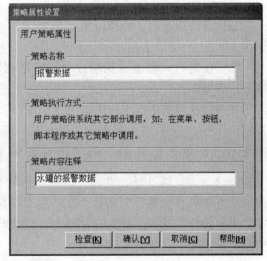

图4.34 新增用户策略属性设置

选中"报警数据",单击"策略组态"按钮进入,在策略组态中,单击工具条中的"新增策略行"图标 ,新增加一个策略行。再从策略工具箱中选取"报警信息浏览",加到策略行 上,单击鼠标左键,如图4.35所示。

图4.35　添加报警信息浏览

双击 图标，弹出"报警信息浏览构件属性设置"对话框，在"基本属性"选项卡中，把"报警信息来源"中的"对应数据对象"改为"水位组"。单击"确认"按钮，设置完毕，如图4.36所示。

单击"测试"按钮，浏览报警信息，如图4.37所示。

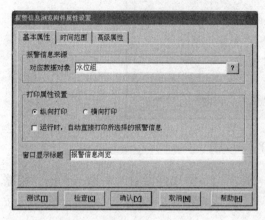

图4.36　报警信息浏览数据对象连接

图4.37　报警信息浏览测试窗口

退出策略组态时，会弹出图4.38所示对话框，单击"是"按钮，就可对所作设置进行保存。

如何在运行环境中看到刚才的报警数据呢？请按如下步骤操作：

在MCGS组态平台上，单击"主控窗口"，在"主控窗口"中，选中"主控窗口"，单击"菜单组态"按钮进入。单击工具条中的"新增菜单项"图标

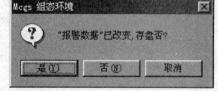

图4.38　退出策略组态保存窗口

，会产生"操作0"菜单。双击"操作0"菜单，弹出"菜单属性设置"对话框。在"菜单属性"选项卡中把"菜单名"改为"报警数据"。在"菜单操作"选项卡中选择"执行运行策略块"选择，选择"报警数据"，单击"确认"按钮，设置完毕，如图4.39所示。

现在按F5键或单击工具条中的 图标，进入运行环境，就可以用"报警数据"菜单打开报警历史数据。

4）修改报警限值

在实时数据库中，对"水位1""水位2"的上、下限报警值都定义好了，如果用户想在运行环境下根据实际情况随时改变上、下限值报警，又如何实现呢？MCGS提供了大量的函数，可以根据需要灵活地进行运用。

修改模拟量限值

项目四　模拟水位控制工程监控系统

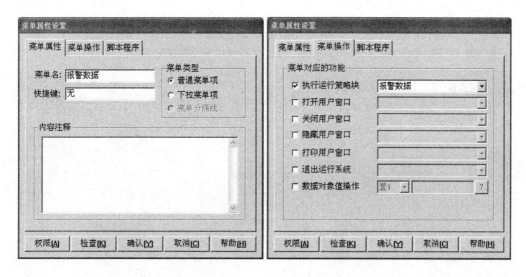

图 4.39　主控窗口中新建菜单的属性设置

在"实时数据库"中选择"新增对象"命令，增加 4 个数值型变量，分别为"水位 1 上限""水位 1 下限""水位 2 上限""水位 2 下限"，其初值分别设置为 9、1、4、1。

在"用户窗口"中，选择"水位控制"命令，在工具箱中选择"标签"图标 A 用于文字注释，选择"输入框"图标 ab 用于输入上、下限值。双击"输入框"图符，进行属性设置，只需要设置"操作属性"，其他不变，如图 4.40 所示。

选中所有水位限值图符及文字，单击鼠标右键，选择"合成单元"命令，如图 4.41（a）所示，双击新合成的单元，可以对数据对象统一进行编辑，如图 4.41（b）所示。

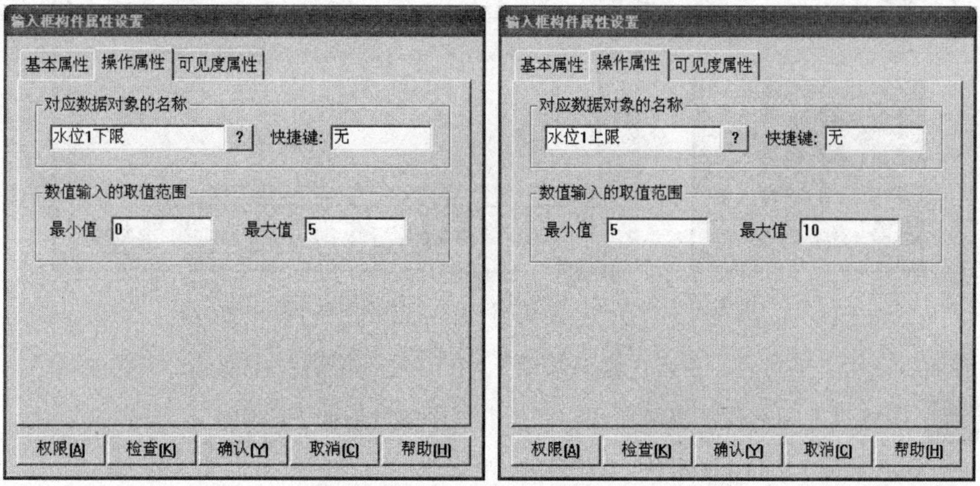

（a）　　　　　　　　　　　　　　　（b）

图 4.40　水位限值输入框的属性设置
（a）水位 1 下限的操作属性设置；（b）水位 1 上限的操作属性设置；

121

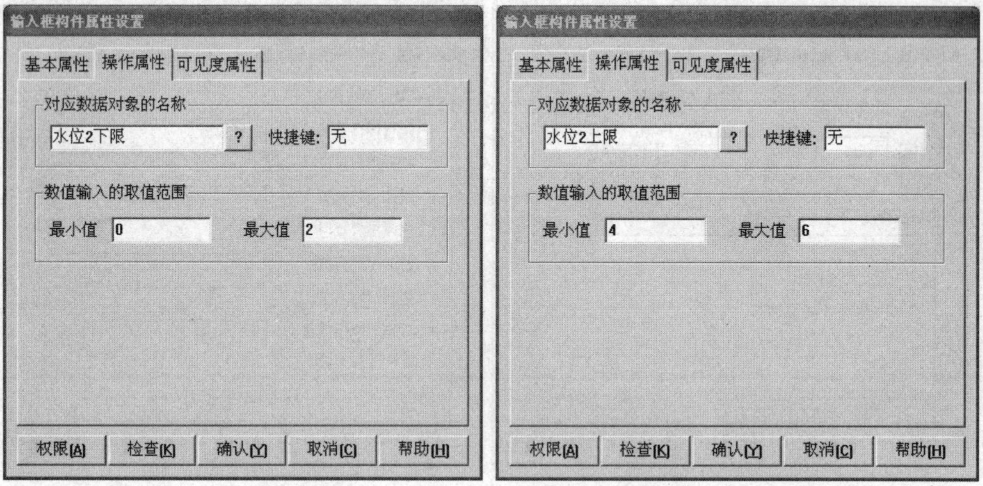

(c)　　　　　　　　　　　　　　　　(d)

图 4.40　水位限值输入框的属性设置（续）

(c) 水位 2 下限的操作属性设置；(d) 水位 2 上限的操作属性设置

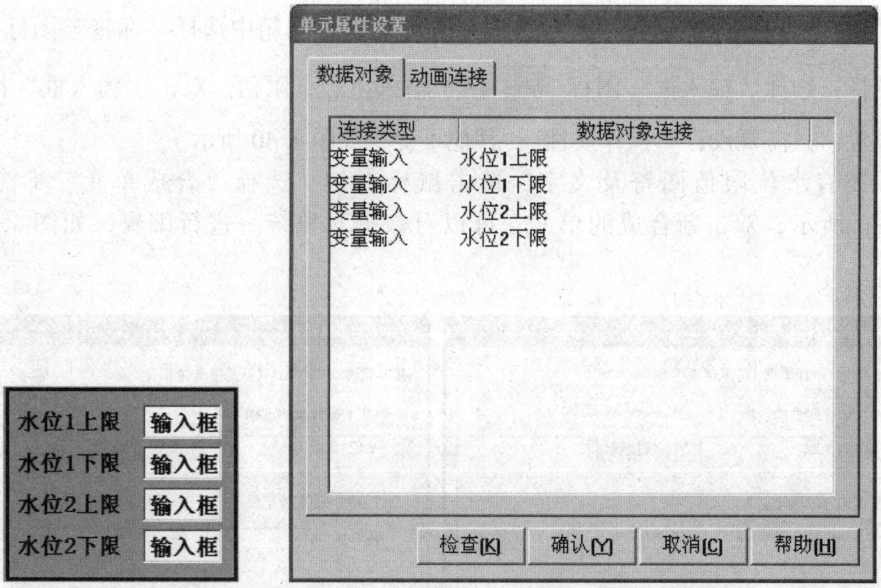

图 4.41　用户窗口中的液位上、下限编辑及属性设置

在 MCGS 组态平台上，单击"运行策略"，在"运行策略"中双击"循环策略"，双击  图标进入脚本程序编辑环境，在脚本程序中增加如下语句：

!SetAlmValue（水位 1，水位 1 上限，3）

!SetAlmValue（水位 1，水位 1 下限，2）

!SetAlmValue（水位 2，水位 2 上限，3）

!SetAlmValue（水位 2，水位 2 下限，2）

如果对该函数!SetAlmValue（水位1，水位1上限，3）不了解，可以参考"在线帮助"，单击"帮助"按钮，弹出"MCGS帮助系统"，在"索引"中输入"!SetAlmValue"，更多函数参照书后附录。保存后进入运行环境。

7. 实时数据报表

实时数据报表可实时地将当前时间的数据变量按一定报告格式显示和打印，即对瞬时量的反映。可以通过MCGS系统的实时表格构件来组态显示实时数据报表。

实时数据显示

双击"数据显示"窗口图标，进入"动画组态：数据显示"窗口。通过"标签"图标 A 作注释：水位控制系统数据显示、实时数据、历史数据。

在工具条中单击"帮助"图标 ，将之拖放在工具箱中的"自由表格"图标 上，单击，就会获得"MCGS在线帮助"，请仔细阅读，然后再进行下面的操作：

在工具箱中单击"自由表格"图标 ，将之拖放到桌面的适当位置。双击表格进入，如要改变单元格的大小，同Excel表格一样操作，把鼠标移到A与B或1与2之间，当鼠标变化时，拖动鼠标即可。在A1（第1行第A列）表格处双击鼠标进行编辑，填写标注文字"水位1"，用同样的方法将其他4个变量也填写到表格中，如图4.42所示。

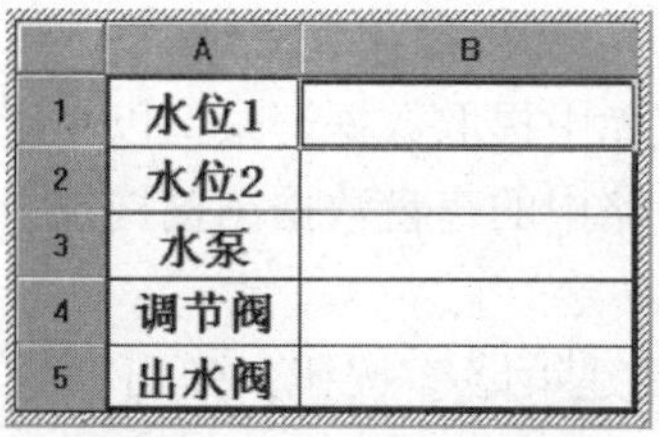

图4.42 自由表格编辑

在B1处单击鼠标右键，选择"连接"命令或直接按F9键，再单击鼠标右键，从"实时数据库"中选取所要连接的变量双击或直接输入，如图4.43（a）所示。图4.43（b）所示则是数据变量连接完成时的显示图。

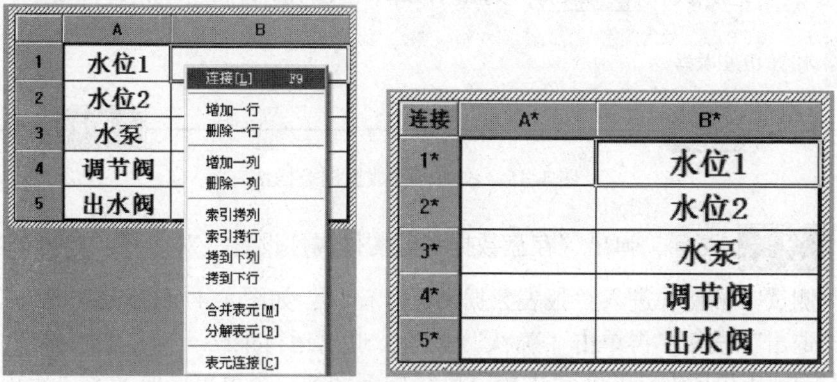

（a） （b）

图4.43 自由表格连接变量

在MCGS组态平台上,单击"主控窗口",在"主控窗口"中单击"菜单组态",在工具条中单击"新增菜单项"图标 ,此时会产生"操作0"菜单。双击"操作0"菜单,弹出"菜单属性设置"对话框,如图4.44所示。

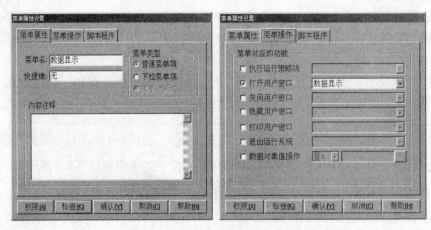

图4.44 "菜单属性设置"对话框

按F5键进入运行环境后,选择菜单项中的"数据显示"命令会打开"数据显示"窗口,实时数据就会显示出来。

8. 历史数据报表

历史数据报表是从历史数据库中提取数据记录,以一定的格式显示历史数据。实现历史数据报表有两种方式,一种用策略中的存盘数据浏览构件,另一种利用历史表格构件。

1) 存盘数据浏览构件

在"运行策略"中单击"新建策略"按钮,弹出"选择策略的类型"对话框,选中"用户策略",单击"确认"按钮。单击"策略属性",弹出"策略属性设置"对话框,把"策略名称"改为"历史数据",把"策略内容注释"改为"水罐的历史数据",单击"确认"按钮。双击"历史数据"
存盘数据浏览构件

进入策略组态环境,在工具条中单击"新增策略行"图标 ,再在策略工具箱中单击"存盘数据浏览",将之拖放在 上,则显示如图4.45所示。

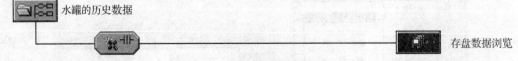

图4.45 添加存盘数据浏览构件

双击 图标,弹出"存盘数据浏览构件属性设置"对话框,如图4.46所示。

单击"测试"按钮,进入"报表数据浏览"窗口,如图4.47所示。

单击"退出"按钮,再单击"确认"按钮,退出运行策略,保存所作修改。如果想在运行环境中看到历史数据,请在"主控窗口"中新增加一个菜单,取名为"历史数据",如图4.48所示。

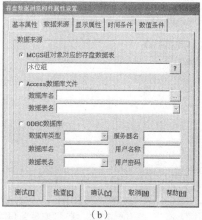
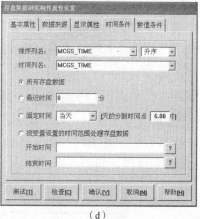

图 4.46 "存盘数据浏览构件属性设置"对话框

图 4.47 "报表数据浏览"窗口

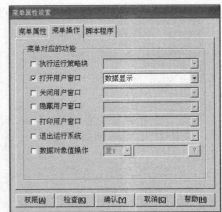

图 4.48　在"主控窗口"中添加"历史数据"菜单

2）历史表格构件

历史表格构件是基于"Windows 下的窗口"和"所见即所得"机制的，用户可以在窗口上利用历史表格构件强大的格式编辑功能配合 MCGS 的画图功能做出各种精美的报表。

在 MCGS 开发平台上，单击"用户窗口"，在"用户窗口"中双击"数据显示"进入，在工具箱中单击"历史表格"图标 ，将之拖放到桌面，双击表格进入，把鼠标移到 C1 与 C2 之间，当鼠标发生变化时，拖动鼠标改变单元格的大小，单击鼠标右键进行编辑。在 R1C1 输入"采集时间"，在 R1C2 输入"水位 1"，在 R1C3 输入"水位 2"。把鼠标从 R2C1 拖到 R5C3，表格会反黑，如图 4.49 所示。

历史表格

图 4.49　历史表格编辑

在表格中单击鼠标右键，选择"连接"命令或直接按 F9 键，选择"表格"菜单中的"合并表元"命令，或直接单击工具条中"编辑条"图标 ，在编辑条中单击"合并单元"图标 ，表格中所选区域会出现反斜杠，如图 4.50 所示。

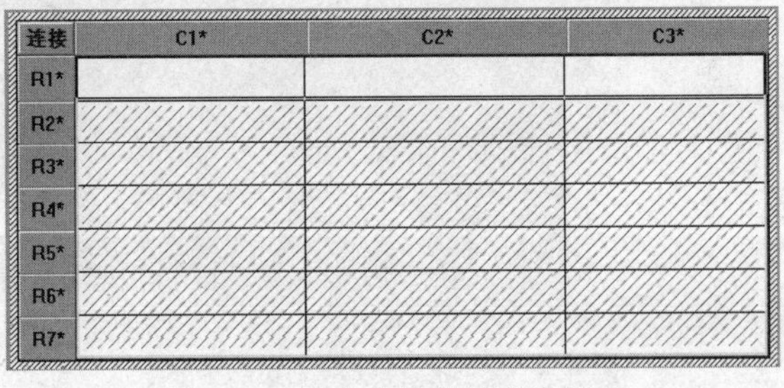

图 4.50　历史表格变量连接界面

双击表格中的反斜杠处，弹出"数据库连接设置"对话框，具体设置如图 4.51 所示，设置完毕后单击"确认"按钮退出。

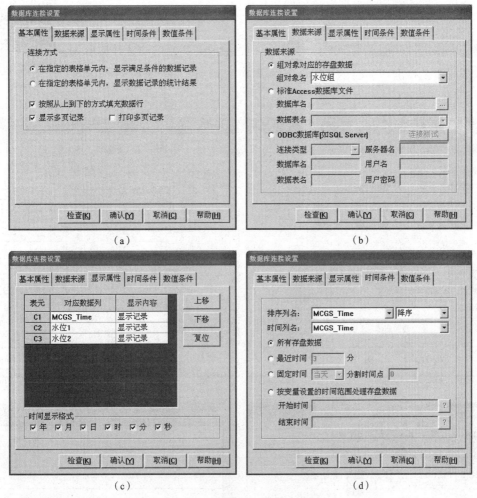

图 4.51　历史表格数据库连接设置

这时进入运行环境，就可以看到自己的劳动成果了。

如果想看到历史数据中"水位1"变量后面1位小数、"水位2"变量后面2位小数，操作如图 4.52（a）所示，图 4.52（b）所示是按图 4.52（a）设置后对应的运行效果。

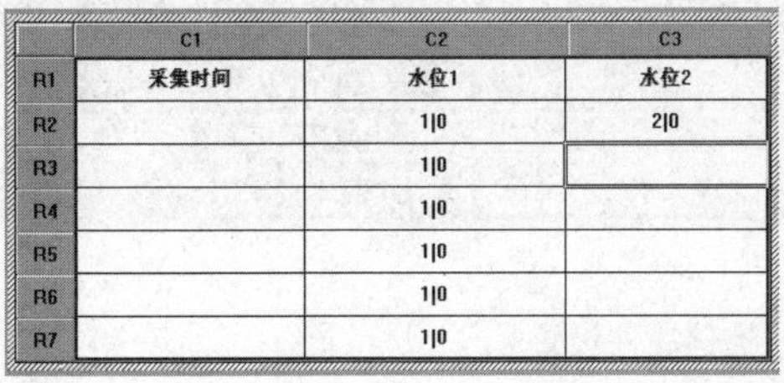

图 4.52　历史数据中小数位数的设置

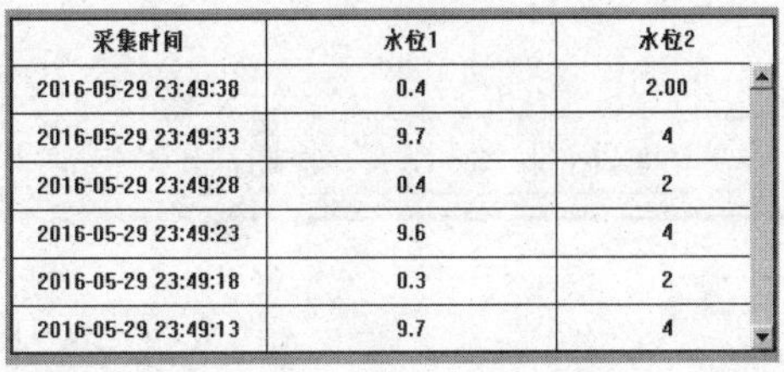

（a）历史表格中数据小数位数的设置；（b）历史表格的运行效果

9. 实时曲线

实时曲线构件是用曲线显示一个或多个数据对象数值的动画图形，像笔绘记录仪一样实时记录数据对象值的变化情况。

单击"用户窗口"标签，在"用户窗口"中双击"数据显示"进入，在工具箱中单击"实时曲线"图标 ，将之拖放到适当的位置并调整大小。双击曲线，弹出"实时曲线构件属性设置"对话框，按图4.53所示进行设置。

实时曲线

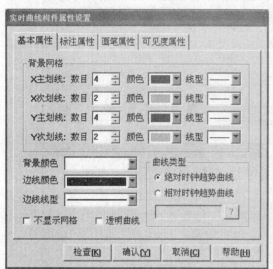

（a）

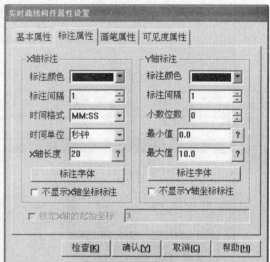

（b）

（c）

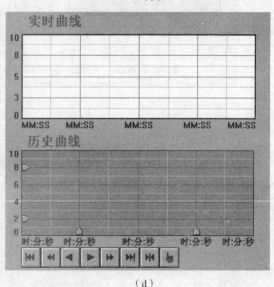

（d）

图4.53 实时曲线构件属性设置

（a）基本属性设置；（b）标注属性设置

（c）变量连接窗口；（d）用户窗口中显示的曲线

单击"确认"按钮，在运行环境中单击"数据显示"菜单就可看到实时曲线。双击曲线可以放大曲线。

10. 历史曲线

历史曲线构件实现了历史数据的曲线浏览功能。运行时，利用历史曲线构件能够根据需要画出相应历史数据的趋势效果图。历史曲线主要用于事后查看数据、状态变化趋势和总结规律。

在"用户窗口"中双击"数据显示"进入，在工具箱中单击"历史曲线"图标，将之拖放到适当位置并调整大小。双击曲线，弹出"历史曲线构件属性设置"对话框，按图 4.54 设置，在"历史曲线构件属性设置"对话框中，"水位 1"曲线颜色为"蓝色"，"水位 2"曲线颜色为"红色"。

(a)

(b)

(c)

(d)

图 4.54 历史曲线构件属性设置

(a) 基本属性设置；(b) 存盘数据变量连接；
(c) 标注属性设置；(d) 将"水位 2"曲线设置成蓝色

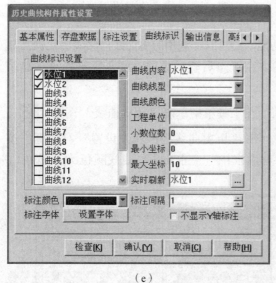
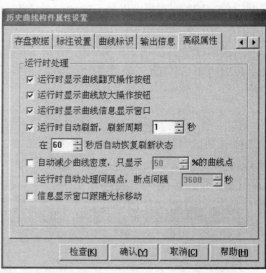

(e)　　　　　　　　　　　　　　　　(f)

图 4.54　历史曲线构件属性设置（续）

(e)"水位1"曲线设置成红色；(f) 运行时处理设置

在运行环境中，单击"报表数据"菜单，打开"数据显示窗口"，就可以看到实时曲线、历史曲线，如图 4.55 所示。

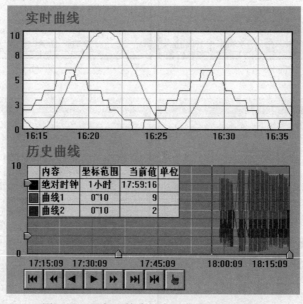

图 4.55　运行环境中的实时曲线和历史曲线

4.5　问题与思考

（1）在设备组态过程中，若设备工具箱中没有所需设备，应当从哪里选择？如何添加？

（2）如何删除多余的数据对象？

（3）"主控窗口"的作用是什么？

(4) 实时曲线和历史曲线有何不同？如何制作？
(5) 如何实现数据报警？在什么情况下需要设置数据对象的报警属性和存盘属性？
(6) 如何通过组态运行界面设置液位上、下限值？
(7) 如何使用用户策略实现存盘数据浏览？
(8) 如何使用 MCGS 软件内部的模拟设备产生标准的正弦波、方波、三角波等信号？

实践项目 4 啤酒厂液体混合控制系统设计

1. 学习目标

(1) 掌握 MCGS 组建工程的一般步骤；
(2) 掌握 MCGS 的液体混合搅拌系统演示工程的设计；
(3) 掌握模拟设备连接方法，完成脚本程序编写及报警显示；
(4) 掌握 MCGS 的液体混合搅拌监控系统设计；
(5) 能应用 MCGS 的基本功能进行液体混合项目的设计、仿真运行；
(6) 能独立编写液体混合的脚本程序；
(7) 能查看报警事件并掌握实时趋势曲线的绘制；
(8) 能完成演示工程模拟调试运行。

2. 控制要求

设有 A、B、C 3 种液体在容器内按照一定的比例进行混合搅拌，其中 SL1、SL2、SL3 为液位高度检测传感器，当其被液面淹没时，传感器的状态为 ON；YV1、YV2、YV3、YV4 为电磁阀；M 为电动机。

(1) 初始状态：容器为空；电磁阀 YV1、YV2、YV3、YV4 均为关闭状态；液位传感器 SL1、SL2、SL3 为 OFF 状态；搅拌电机 M 为 OFF 状态。

(2) 按"启动"按钮开始以下操作：

①YV1 = ON 时，A 液体注入容器，当液位上升达到 SL3 时，SL3 = ON，使得 YV1 = OFF，YV2 = ON，B 液体注入容器。

②当液面达到 SL2 时，SL2 = ON，使得 YV2 = OFF，YV3 = ON，C 液体注入容器。

③当液面达到 SL1 时，SL1 = ON，使得 YV3 = OFF，M = ON，即关闭阀门 YV3，电动机 M 启动，开始搅拌。

④电动机经过 10s 搅拌均匀后，M = OFF，停止搅拌。

⑤在停止搅拌的同时，YV4 = ON，排液电磁阀打开，排放液体，液面下降，当容器内液体排空后，YV4 = OFF，完成一个操作周期。

⑥只要不按"停止"按钮，则自动进入下一操作周期。

3. 参考数据对象的定义

啤酒厂液体混合控制数据对象见表 4.3。

表 4.3 啤酒厂液体混合控制数据对象

序号	名称	类型	初值	注　释
1	"启动"按钮	开关型	0	液体混合系统启动运行信号，1 有效
2	"停止"按钮	开关型	0	液体混合系统停止运行信号，1 有效

续表

序号	名称	类型	初值	注　释
3	传感器 SL1	开关型	0	液位检测，0 表示液位未达到检测值
4	传感器 SL2	开关型	0	液位检测，0 表示液位未达到检测值
5	传感器 SL3	开关型	0	液位检测，0 表示液位未达到检测值
6	电磁阀 YV1	开关型	0	控制液体 A 阀门 YV1 的打开与关闭，1 打开，0 关闭
7	电磁阀 YV2	开关型	0	控制液体 B 阀门 YV2 的打开与关闭，1 打开，0 关闭
8	电磁阀 YV3	开关型	0	控制液体 C 阀门 YV3 的打开与关闭，1 打开，0 关闭
9	电磁阀 YV4	开关型	0	控制排放液体的阀门 YV4 的打开与关闭，1 打开，0 关闭
10	搅拌电机 M	开关型	0	控制搅拌电机 M，1 启动，0 停止
11	搅拌时间 T	数值型	0	模拟运行时的搅拌时间
12	排放时间	数值型	0	模拟运行时的排放时间
13	液位模拟	数值型	0	模拟液位的变化
14	状态显示	字符型	初始状态	显示系统的工作状态

4. 参考界面设计

啤酒厂液体混合系统参考画面如图 4.56 所示。

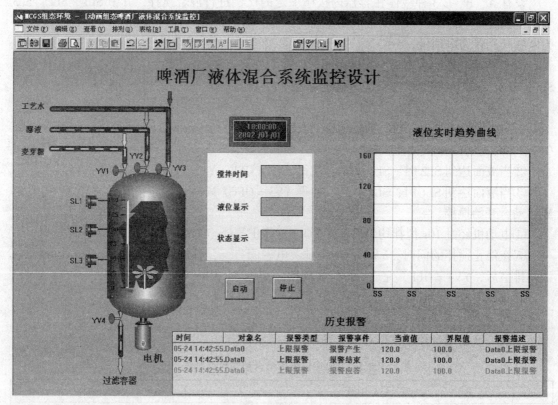

图 4.56　啤酒厂液体混合系统参考画面

5. 参考脚本程序

```
IF 液位模拟 < 50 THEN
    传感器 SL1 = 0
    传感器 SL2 = 0
    传感器 SL3 = 0
ENDIF
IF 液位模拟 > 50 AND 液位模拟 < 99 THEN
    传感器 SL1 = 0
    传感器 SL2 = 0
    传感器 SL3 = 1
ENDIF
IF 液位模拟 > 100 AND 液位模拟 < 150 THEN
    传感器 SL1 = 0
    传感器 SL2 = 1
    传感器 SL3 = 1
ENDIF
IF 液位模拟 > 149 THEN
    传感器 SL1 = 1
    传感器 SL2 = 1
    传感器 SL3 = 1
ENDIF
IF "启动" 按钮 = 1 AND 液位模拟 < 51 AND 搅拌时间 T = 0 THEN
    电磁阀 YV1 = 1
    液位模拟 = 液位模拟 + 1
    状态显示 = "注入液体 A"
ENDIF
IF "启动" 按钮 = 1 AND 液位模拟 < 101 AND 液位模拟 > 50 AND 搅拌时间 T = 0 THEN
    电磁阀 YV1 = 0
    电磁阀 YV2 = 1
    电磁阀 YV3 = 0
    液位模拟 = 液位模拟 + 1
    状态显示 = "注入液体 B"
ENDIF
IF "启动" 按钮 = 1 AND 液位模拟 > 100 AND 液位模拟 < 150 AND 搅拌时间 T = 0 THEN
    电磁阀 YV1 = 0
    电磁阀 YV2 = 0
```

        电磁阀 YV3 = 1
        液位模拟 = 液位模拟 + 1
        状态显示 = "注入液体 C"
    ENDIF
    IF "启动" 按钮 = 1 AND 液位模拟 = 150 AND 搅拌时间 T < 100 THEN
        电磁阀 YV1 = 0
        电磁阀 YV2 = 0
        电磁阀 YV3 = 0
        液位模拟 = 液位模拟
        状态显示 = "搅拌"
        搅拌时间 T = 搅拌时间 T + 1
        搅拌电机 M = 1
    ENDIF
    IF "启动" 按钮 = 1 AND 搅拌时间 T = 100 AND 液位模拟 > 50 THEN
        搅拌电机 M = 0
        电磁阀 YV1 = 0
        电磁阀 YV2 = 0
        电磁阀 YV3 = 0
        电磁阀 YV4 = 1
        液位模拟 = 液位模拟 - 1
        状态显示 = "排混合液体"
    ENDIF
    IF "启动" 按钮 = 1 AND 搅拌时间 T = 100 AND 液位模拟 > 0 AND 液位模拟 < 51 AND 排放时间 < 100 THEN
        搅拌电机 M = 0
        电磁阀 YV1 = 0
        电磁阀 YV2 = 0
        电磁阀 YV3 = 0
        电磁阀 YV4 = 1
        排放时间 = 排放时间 + 1
        液位模拟 = 液位模拟 - 0.5
        状态显示 = "排混合液体"
    ENDIF
    IF "启动" 按钮 = 1 AND 排放时间 >= 100 THEN
        搅拌电机 M = 0
        电磁阀 YV1 = 0
        电磁阀 YV2 = 0
        电磁阀 YV3 = 0

```
    电磁阀 YV4 = 0
    液位模拟 = 0
    状态显示 = "液体排放结束"
    排放时间 = 0
    搅拌时间 T = 0
ENDIF
IF "停止"按钮 = 1 THEN
    搅拌时间 T = 0
    排放时间 = 0
    电磁阀 YV1 = 0
    电磁阀 YV2 = 0
    电磁阀 YV3 = 0
    电磁阀 YV4 = 0
    搅拌电机 M = 0
    液位模拟 = 0
ENDIF
IF 启动 = 1 THEN
    "启动"按钮 = 1
    "停止"按钮 = 0
ENDIF
IF 停止 = 1 THEN
    "启动"按钮 = 0
    "停止"按钮 = 1
ENDIF
```

项目五

十字路口交通灯运行监控

5.1 项目导入

1. 学习目标
(1) 了解交通灯监控系统的基本知识；
(2) 熟悉交通灯监控系统的硬件组成；
(3) 掌握组态画面的制作方法；
(4) 掌握数据库的定义和属性设置；
(5) 掌握组态画面的动画连接；
(6) 掌握实现工艺要求的脚本程序设计和调试；
(7) 掌握组态与 PLC 的设备连接方法和接口分配；
(8) 掌握虚拟仿真和设备连接实时监控的调试步骤。

2. 项目描述

交通灯监控系统主要完成对交通信号的有序控制，确保行车安全，通常采用单片机或 PLC 加组态实现单路口控制，也可实现多个路口的网络控制，具体构架如图 5.1 所示。本项目主要完成 PLC 和 MCGS 组态的单路口控制，可通过下位机 PLC 和上位机组态实现对交通灯的实时监控，并可根据不同路口的具体情况，实现行车时间的桌面设置和监控，以保证交通灯监控系统安全和高效。

用 S7-200 编程实现交通灯监控，用 MCGS 组态软件实现在线监控和参数设置，具体控制要求如下：

(1) 按下"启动"按钮，先南北方向允许行车，东西方向禁止行车，运行时间设定初值为 10 s，期间绿灯亮 6 s，之后黄灯闪烁 4 s，再进行东西方向行车允许并控制南北方向行车禁止，运行时间设定初值为 10 s，期间绿灯亮 6 s，之后黄灯闪烁 4 s，完成一个周期后自动循环。

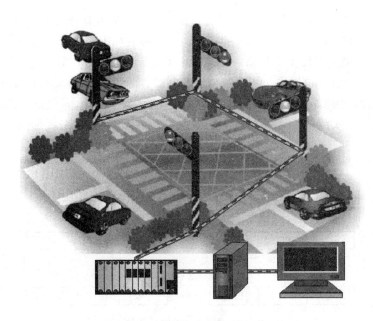

图 5.1　交通灯监控系统示意

（2）按下"停止"按钮，系统全部复位，所有输出为零。

（3）组态画面中可以随时设置各个方向的运行时间和闪烁提示时间，并将该参数送入 PLC，实现实时控制。

（4）可完成 PLC 控制和组态控制两种方式的组态监控。

交通灯运行规律示意如图 5.2 所示。

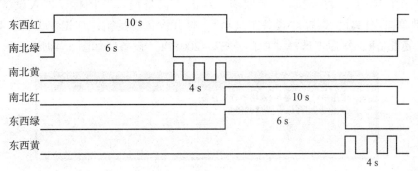

图 5.2　交通灯运行规律示意

5.2　项目资讯

1. 设备窗口的概念

设备窗口是 MCGS 系统的重要组成部分，负责建立系统与外部硬件设备的连接。在系统运行过程中，设备构件由设备窗口统一调度管理，通过通道连接，向实时数据库提供从外部设备采集到的数据，再由实时数据库将控制命令输出到外部设备，以便进行控制运算和流程调度，实现对设备工作状态的实时检测和对工业过程的自动控制。

在 MCGS 单机版中，一个用户工程只允许有一个设备窗口。运行时，由主控窗口负责打

设备组态

开设备窗口,而设备窗口是不可见的,在后台独立运行,负责管理和调度设备构件的运行。

MCGS 对设备的处理采用了开放式的结构,在实际应用中,可以很方便地定制并增加所需的设备构件,不断充实设备工具箱。MCGS 将逐步提供与国内外常用的工控产品相对应的设备构件,同时,MCGS 也提供了一个接口标准,以方便用户用 Visual Basic 或 Visual C++ 等编程工具自行编制所需的设备构件,装入 MCGS 的设备工具箱内。另外,MCGS 提供了一个高级开发向导,自动生成设备驱动程序的框架。MCGS 设备驱动分类如图 5.3 所示。

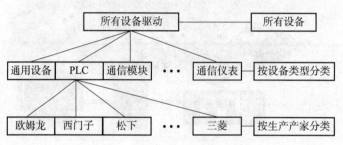

图 5.3 MCGS 设备驱动的种类

进行设备窗口的组态工作时,首先要添加所用设备的驱动程序到设备工具箱,然后将该设备放置到 MCGS 的"设备窗口"中。在窗口内设置该设备的"基本属性",并完成"通道连接""设备调试"和"数据处理"的工作。下面以连接西门子 S7-200 系列 PLC 为例介绍设备窗口的组态。

2. 设备窗口的组态

单击工作台中的"设备窗口"选项卡,双击"设备窗口"图标,进入设备组态窗口,用鼠标右键单击空白处,选择"设备工具箱",打开设备工具箱,首先在设备工具箱中选择"通用串口父设备",然后再选择"西门子 S7-200PPI"设备,如图 5.4 所示。

图 5.4 添加 PLC 设备

如果设备工具箱为空,则可以单击设备工具箱上面的"设备管理"按钮,打开设备管理器,如图 5.5 所示,在设备管理器中找到需要添加的设备,单击"增加"按钮,即可将设备添加到右侧的设备工具箱中,单击"确认"按钮保存。

双击"通用串口父设备",打开其属性编辑窗口,基本属性设置如图 5.6 (a) 所示。双击"S7-200PPI"设备,其基本属性设置如图 5.6 (b) 所示。

若要实现 PLC 和组态的控制,还需要在 PLC 设备的"通道连接"中将组态软件实时数据库中的变量与 PLC 中的地址连接在一起,通过 PLC 编写下位机程序才可以实现。具体链接方法将在"项目实施"中详细介绍。

项目五　十字路口交通灯运行监控

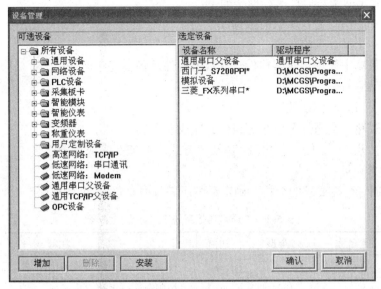

图 5.5　设备管理器

(a)　　　　　　　　　　　　　　　　(b)

图 5.6　MCGS 与西门子 S7-200 系列 PLC 通信参数设置

(a) 串口父设备基本属性设置；(b) PLC 设备基本属性设置

5.3　项目分析

在开始组态工程之前，先对该项目进行剖析，以便从整体上把握工程的结构、流程、需实现的功能以及如何实现这些功能。

1. 工程框架分析

交通信号灯系统由 PLC 编程控制运行，系统设置一个"启动"按钮，负责交通灯的启动运行控制，设置一个"停止"按钮，负责停止控制，并通过 MCGS 实现交通灯系统运行

的监控。初步确定的组态监控工程框架如下:
(1) 需要一个用户窗口及实时数据库。
(2) 需要一个循环策略。
(3) 循环策略中使用定时器构件、计数器构件及脚本程序构件。

2. 图形制作分析
(1) 新建交通灯监控系统窗口。
(2) 绘制道路、交通灯及汽车等组件并完成动画连接。
(3) 添加"启动""停止""定时"及"方式"按钮并完成动画连接。

3. 数据对象分析
通过对交通灯监控要求的分析,确定系统所需数据对象15个,见表5.1。

表 5.1 交通灯监控系统定义数据对象表

序号	对象名称	类型	初值	注释
1	启动	开关型	0	控制交通灯系统启动运行,1有效
2	停止	开关型	0	控制交通灯系统停止运行,1有效
3	定时到	开关型	0	表示定时器状态,1表示计时时间到时器状态,1表示计时时间到
4	定时复位	开关型	0	控制定时器复位,1有效
5	定时启动	开关型	0	控制定时器启动,1启动,0停止
6	东西黄	开关型	0	控制东西方向黄灯运行,1点亮,0熄灭
7	东西红	开关型	0	控制东西方向红灯运行,1点亮,0熄灭
8	东西绿	开关型	0	控制东西方向绿灯运行,1点亮,0熄灭
9	南北黄	开关型	0	控制南北方向黄灯运行,1点亮,0熄灭
10	南北红	开关型	0	控制南北方向红灯运行,1点亮,0熄灭
11	南北绿	开关型	0	控制南北方向绿灯运行,1点亮,0熄灭
12	定时当前值	数值型	0	表示定时器当前值
13	定时设定值	数值型	0	表示设定的计时时间
14	东西数值	数值型	0	控制东西路上汽车的移动
15	南北数值	数值型	0	控制南北路上汽车的移动

5.4 项目实施

1. 新建工程

首先进入桌面 MCGS 通用版的组态环境界面,选择"文件"菜单中的"新建工程"命令,并保存新工程。保存时,可选择更改工程文件名为"交通灯演示工程",默认保存路径为"D:\MCGS\WORK\交通灯演示工程",如图 5.7 所示。保存完成后即可进行下一步——数据对象定义。

项目五　十字路口交通灯运行监控

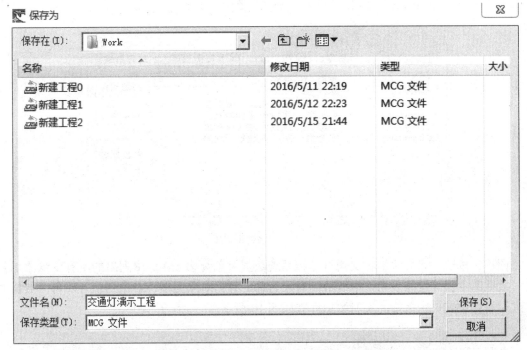

图 5.7　新建"交通灯演示工程"组态工程

2. 定义数据对象

1）在实时数据库中添加数据对象

打开工作台的"实时数据库"选项卡，如图 5.8 所示，单击"新增对象"按钮，在数据对象列表中增加新的数据变量。

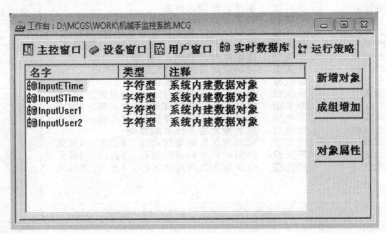

图 5.8　"实时数据库"选项卡

2）数据对象的属性设置

选中实时数据库中的新增数据对象"Data1"，单击"对象属性"按钮，或直接双击"Data1"，打开"数据对象属性设置"对话框。将"对象名称"更改为"启动"，将"对象初值"设为"0"，"对象类型"选为"开关"型，在"对象内容注释"文本框内输入"控

141

制交通灯系统启动运行，1 有效"，单击"确认"按钮，如图 5.9 所示。

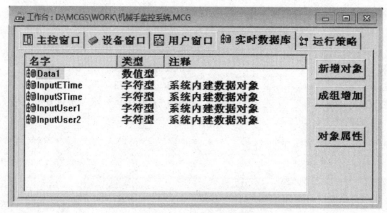

图 5.9　新增数据对象

同理，按照上述方法，将交通灯监控系统数据对象（表 5.1）中列出的所有变量添加到实时数据库中，并按照表 5.1 中所给的对象名称、数据对象类型、对象初值等对每个数据对象进行属性设置。定义好的实时数据库如图 5.10 所示。

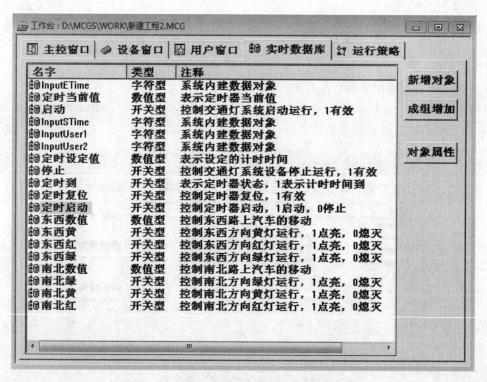

图 5.10　在实时数据库中初步定义的数据对象

3. 监控画面的设计及组态

1）用户窗口的建立

进入 MCGS 组态的工作台，打开"用户窗口"选项卡，如图 5.11 所示。新建一个名为"交通灯控制"的用户窗口；设置窗口位置为"最大化显示"，其他属性设置保持不变,单击"确认"按钮。用鼠标右键单击"交通灯控制"窗口名,选择"设置为启动窗口"命令,当进入 MCGS 运行环境时,系统将自动加载该窗口。启动窗口设置如图 5.12 所示。

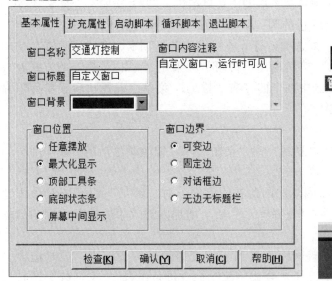

图 5.11 "用户窗口属性设置"对话框　　图 5.12 启动窗口设置

2) 制作文字标签

选中"创库"图标,单击动画组态,进入动画组态窗口,开始编辑画面。单击工具条中的"工具箱"按钮　,打开绘图工具箱,单击工具箱内的"标签"按钮 A ,鼠标的光标呈现"十"字形,在窗口顶端中心位置拖曳鼠标,根据需要拉出一个一定形状的矩形,在光标中心闪烁位置输入文字"交通灯监控系统",按 Enter 键或在窗口的任意单击,文字输入完毕。如果需要修改输入文字,则单击已输入的文字,然后按 Enter 键就可以进行编辑,也可以单击鼠标右键,弹出下拉菜单,选择"改字符"命令。选中文字框,作如下设置:单击"填充色"按钮　,设定文字框背景为"没有填充",单击"线色"按钮　,设置文字框边线的边线颜色。

3) 按钮图符的绘制

使用绘图工具箱中的"标准按钮"工具　分别画两个按钮。将两个按钮的标题分别更改为"启动"和"停止"。对字体及字体颜色进行设置,对齐方式均采用"中对齐",按钮类型均为"标准 3D 按钮"。用同样的方法绘制"方式一""方式二"及"当前值"按钮。

4) 编辑绘制道路

使用绘图工具箱中的"折线"工具　,可编辑绘制南北路和东西路,并填充颜色为"蓝色"。编辑绘制"南北路交通灯"图符。使用绘图工具箱的"折线"工具　,采用"画图"→"调整大小"→"填充颜色"的方法,可以绘制出交通灯柱。

5）编辑绘制"南北路交通灯"图符

（1）绘制"红灯"图符。

使用绘图工具箱中的"椭圆"工具 ◯ ，采用"画图"→"调整大小"→"填充颜色"的方法，先画一个大小合适，颜色为灰色的圆；再使用"椭圆"工具 ◯ ，采用同样的方法画出一个大小相同，颜色为红色的圆；双击"红色圆"图符，打开其"动画组态属性设置"对话框，勾选"可见度"复选框，打开"可见度"选项卡，在"表达式"文本框中输入"@开关量"，单击"确认"按钮退出。将两个圆采用"中心对齐"的方式叠放在一起，红色的圆叠放在上层，同时选中两个圆，在"排列"菜单中选择"合成单元"命令进行组合，"红灯"图符绘制完成。

（2）绘制"绿灯"图符。

采用对"红灯"组合图符进行"复制"→"粘贴"→"修改颜色"的方法即可。

（3）绘制"黄灯"图符。

除了"可见度"属性外，还需闪烁，因此在绘制时，对"红灯"组合图符采用"复制"→"粘贴"→"修改颜色"→"分解单元"→"增加闪烁效果属性"→"再合成单元"的方法。

将编辑好的3个交通灯图符"等间距"排列于"交通灯柱"图符上，同时选中"灯柱"和"灯"，在"排列"菜单中选择"合成单元"命令进行组合，"交通灯"图符绘制完成。

（4）编辑绘制"东西路交通灯"图符。

参考"南北路交通灯"图符的编辑方法即可绘制"东西路交通灯"图符的画法。

6）装载"汽车"图符

搜集合适的汽车卡通图片，使用绘图工具箱中的"位图"工具，将汽车图片装载到组态画面中，然后调整至合适大小和位置。

7）动画连接

（1）"启动"和"停止"按钮的动画连接。

双击"启动"按钮，在弹出的"标准按钮构件属性设置"对话框中，打开"操作属性"选项卡，勾选"数据对象操作"复选框，并在右侧第一个下拉列表框中选择"取反"操作。具体如图5.13所示。

单击图5.13中"数据对象值操作"后第二个列表框中的"?"按钮，在实时数据库中选择"启动"变量，再单击"确认"按钮退出。使用同样的方法在"停止"按钮的"操作属性"选项卡中，勾选"数据对象值操作"复选框，在第一个下拉列表框中选择"取反"操作，在第二个下拉列表框中选择实时数据库中的"停止"变量，变成"停止"按钮的动画连接。

（2）道路交通灯的动画连接。

双击"南北路交通灯"组合图符，弹出"单元属性"对话框，打开"动画连接"选项卡，可以看到交通灯组合图符的3个文本框都有"可见度"和"显示输出"两种属性。组合图符中的红色信号灯和绿色信号灯具有"可见度"属性，黄色信号灯具有"闪烁效果"和"可见度"两种属性。

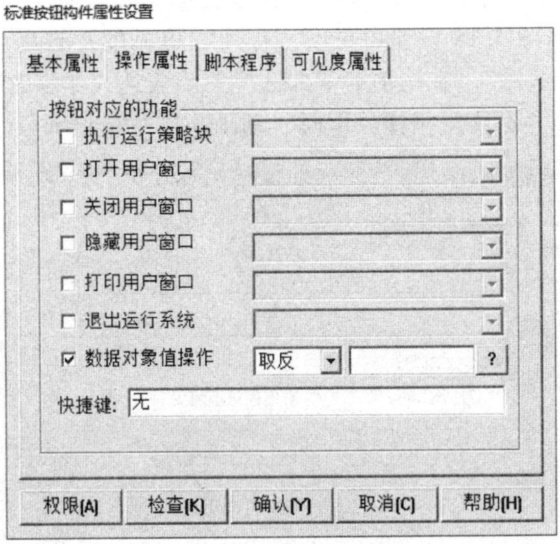

图 5.13 "标准按钮构件属性设置"对话框

单击"图元名"标签,单击后面弹出的">"按钮,打开"动画组态属性设置"对话框的"属性设置"选项卡,从"静态属性"的字符颜色,可以判断出选中图元的交通信号灯的颜色。在图 5.14 中选中图元的"静态属性"中的"填充颜色"为红色,则选中的为红色信号灯。

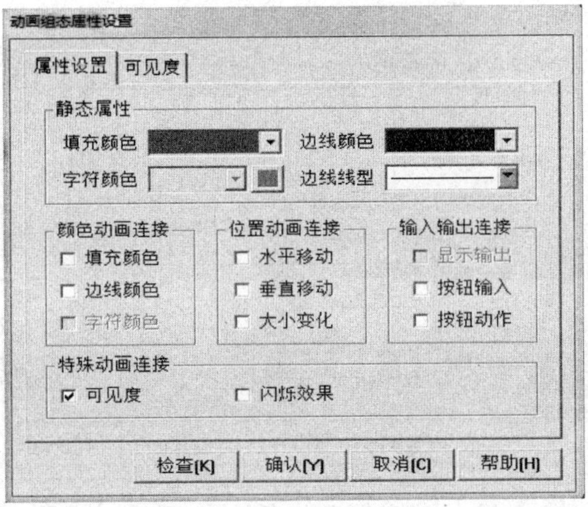

图 5.14 "动画组态属性设置"对话框

在"动画组态属性设置"对话框中打开"可见度"选项卡,具体设置如图 5.15 所示。使用同样的方法对绿灯文本框的"可见度"属性进行设置,其关联的数据对象为"南北绿灯"。

本项目中的黄色交通灯需要设置闪烁效果。打开"动画组态属性设置"对话框,首先从"静态属性"的"填充颜色"判断是否为黄色,在"特殊动画连接"选项区中勾选"可见度"和"闪烁效果"两项,选项卡中会出现"闪烁效果"选项卡,打开"闪烁效果"选项卡,在"表达式"区域中填入"南北黄",在"闪烁实现方式"选项区中选择"用图元可见度变化实现闪烁"选项,在"闪烁速度"选项区中选择"快"选项。选项卡的设置如图 5.16 所示。参考图 5.15 设置可见度。打开"可见度"选项卡,在"表达式"区域中输入数据对象"南北黄灯"。在选项卡下部选择"当表达式非零时"选项,勾选"对应图符可见"复选框,单击"确认"按钮,返回"动画连接"选项卡。

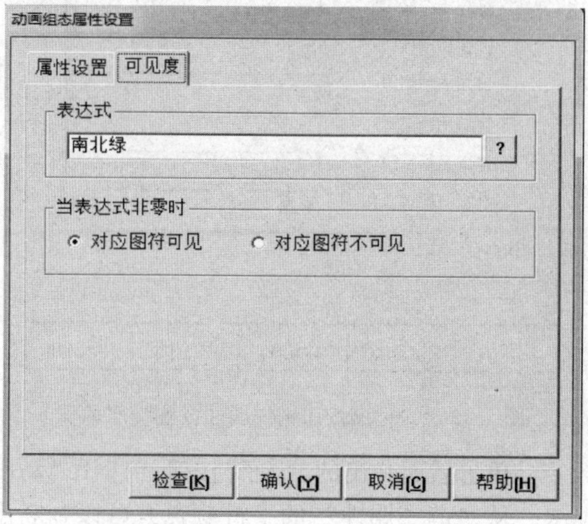

图 5.15 交通灯"可见度"选项卡的设置

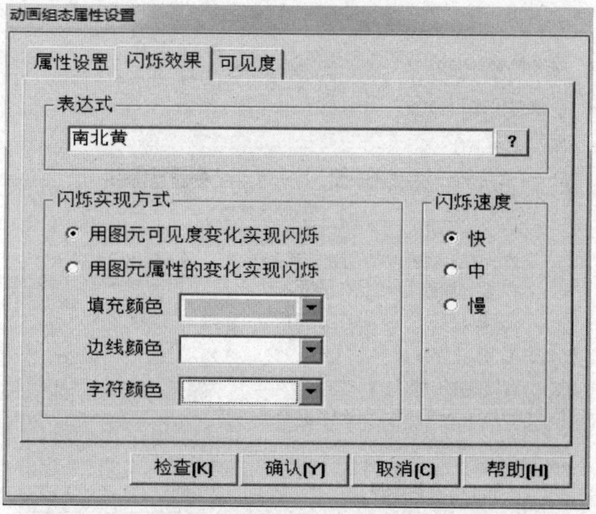

图 5.16 黄色交通灯"闪烁效果"选项卡的设置

东西路交通灯的设置参考南北路交通灯的设置方法和步骤。在东西路红灯和绿灯"可见度"的属性设置中,关联数据对象分别为"东西红灯"和"东西绿灯";在东西路黄灯的"闪烁效果"和"可见度"的属性设置中,关联数据对象分别为"东西黄灯闪烁"和"东西黄灯"。画面中的 12 个灯对应 6 个开关量,可按要求设置可见度或闪烁方式。

(3) 汽车的动画连接。

双击南北路南向车辆,打开"动态组态属性设置"对话框,打开"属性设置"选项卡,选择"位置动画连接"→"垂直移动项"选项,然后打开"垂直移动"选项卡设置参数。

用同样的方法对南北路北向车辆进行垂直移动属性设置,具体参数设置如图 5.17 所示。

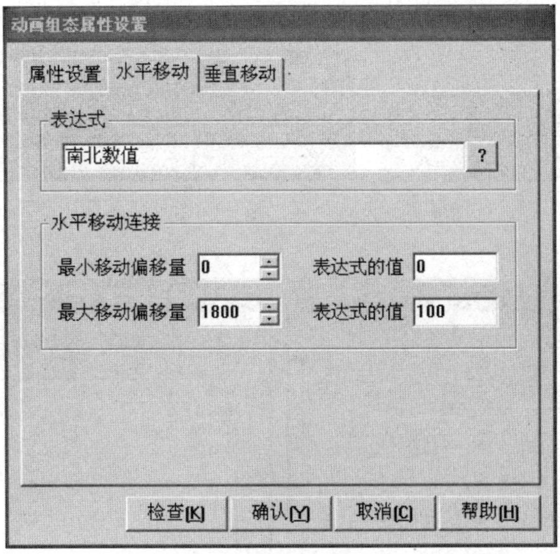

图 5.17 "垂直移动"选项卡的设置

双击东西路西向的车辆,打开"动画组态属性设置"对话框,打开"属性设置"选项卡,选择"位置动画连接"→"水平移动"选项,打开"水平移动"选项卡,进行参数设置,用同样的方法设置东西路东向车辆进行设置水平移动属性设置,参数设置如图 5.18 所示。

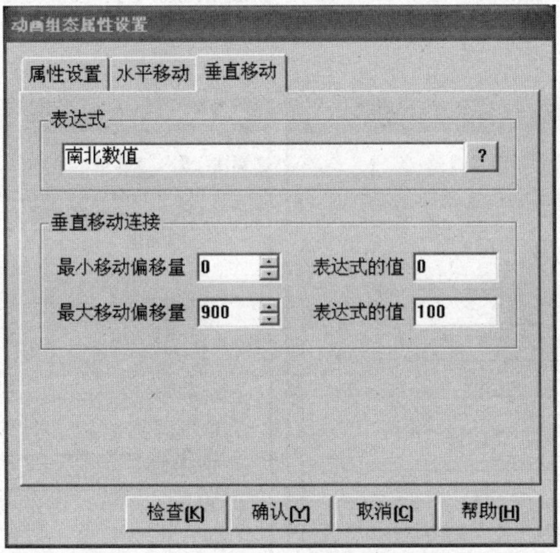

图 5.18 "水平移动"选项卡的设置

需要说明的是:水平移动和垂直移动所连接的表达式为数据库对象名称,类型为数值型,其中表达式的值为该数据的数值范围,最大和最小偏移量为屏幕尺寸距离,与屏幕设置有关(通常屏幕设置为 1 024×768)。

图 5.19 所示为时钟显示、方式设置、按钮操作、显示输出,其中时钟显示连接变量为

系统时钟，方式设置按钮控制各个方向的行车时间，按钮操作控制系统启动停止，显示输出用于监视定时器状态。具体设置如图 5.20 所示。

图 5.19　时钟显示、方式设置、按钮操作及显示输出界面显示

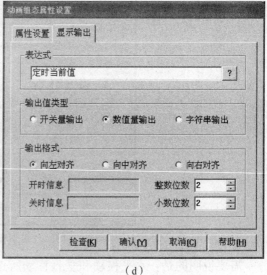

图 5.20　时钟、按钮动画组态属性设置

完成的交通灯监控系统界面如图 5.21 所示。

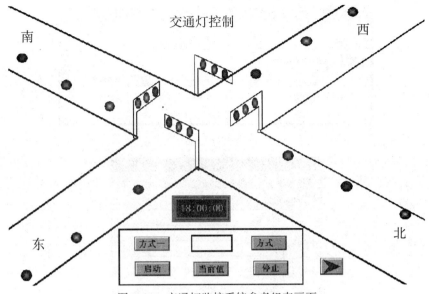

图 5.21 交通灯监控系统参考组态画面

4. 脚本程序设计

本项目的动画连接完成后,即可进行组态程序设计,该程序设计需要根据交通灯控制要求编制脚本程序,程序中涉及简单的脚本语言和定时器构件,下面进行简单陈述。

首先单击主控窗口的"运行策略",双击"循环策略",打开循环策略组态窗口,双击左上角的"按照设定的时间循环运行"图标  ，进入循环策略属性设置窗口,将"循环策略执行方式"→"定时循环执行,循环时间"修改为 100 ms,如图 5.22(a)所示,新增两个策略行,分别添加脚本程序和定时器构件,如图 5.22(b)所示。其中"定时器"构件的设置如图 5.22(c)所示。

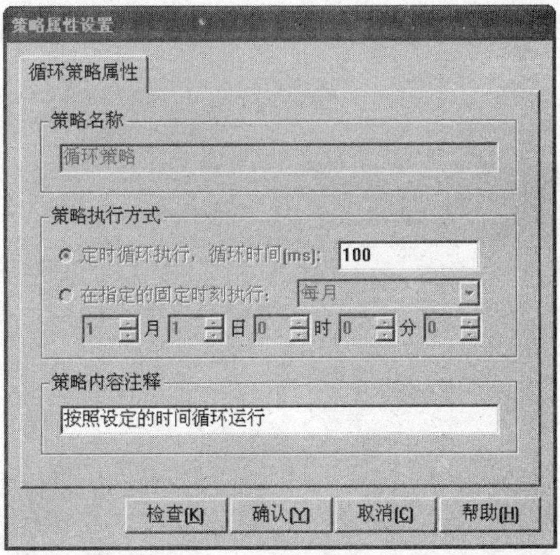

(a)

图 5.22 组态程序设计页面

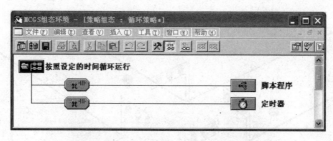

(b)

(c)

图5.22 组态程序设计页面（续）

说明：

(1) 启动、退出、循环策略可根据系统的要求有选择地使用，其中启动策略为进入系统一次性完成的初始化工作，退出策略为退出系统时的完成工作，循环策略为周期运行的程序，本项目选择100 ms为一个循环周期。

(2) 定时器基本属性窗口中共5个可选设置，注意设定值和当前值必须为数值型变量，其他则为开关型变量。

参考脚本程序如下：

```
IF 停止 = 1 THEN
    东西红 = 0
    东西绿 = 0
    东西黄 = 0
    南北红 = 0
    南北绿 = 0
    南北黄 = 0
    定时启动 = 0
    定时复位 = 1
    东西数值 = 0
    南北数值 = 0
```

```
        启动 = 0
ENDIF
IF 启动 = 1 THEN
    定时启动 = 1
    定时复位 = 0
    IF 定时当前值 >0 AND 定时当前值 <= A THEN
        东西红 = 1
        南北绿 = 1
        南北数值 = 南北数值 + 0.6
    ELSE
        南北绿 = 0
    ENDIF
    IF 定时当前值 >A AND 定时当前值 <= B THEN
        南北黄 = 1
        南北数值 = 南北数值 + 0.7
    ELSE
        南北黄 = 0
    ENDIF
    IF 定时当前值 >B AND 定时当前值 <= C THEN
        南北红 = 1
        东西绿 = 1
        东西红 = 0
        东西数值 = 东西数值 + 0.6
    ELSE
        东西绿 = 0
    ENDIF
    IF 定时当前值 >C AND 定时当前值 <= D THEN
        东西黄 = 1
        东西数值 = 东西数值 + 0.7
    ELSE
        东西黄 = 0
    ENDIF
    IF 定时当前值 > D THEN
        定时启动 = 0
        南北红 = 0
        定时复位 = 1
        东西数值 = 0
        南北数值 = 0
    ENDIF
ENDIF
```

5. 设备连接

本项目可用 S7-200PLC 对组态下位机实施外部控制，也可使用 MCGS 脚本控制，硬件连接电路如图 5.23 所示，PLC 的输入/输出地址分配见表 5.2。

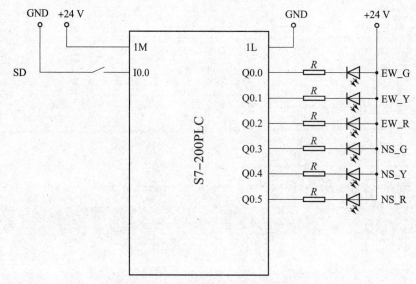

图 5.23　S7-200PLC 硬件连接电路

表 5.2　交通灯 PLC 的地址分配

输入部分			输出部分		
序号	地址	设备及功能	序号	地址	设备及功能
1	I0.0	"启动"按钮	1	Q0.1	东西红
2	I0.1	"停止"按钮	2	Q0.2	南北绿
			3	Q0.3	南北黄
			4	Q04	南北红
			5	Q0.5	东西绿
			6	Q0.6	东西黄

下面说明组态与 PLC 设备的通信连接设置。进入组态环境，单击主控窗口的设备窗口，并单击"设备组态"，再单击鼠标右键，将设备工具箱显示于窗口，单击"设备管理"，这时将出现图 5.24 所显示的界面。再单击"用户定制设备"→"通用串口父设备"，并将其增加进来，如图 5.24 右侧所示。选好父设备后，再找到 PLC 子设备中的 S7-200PPI，将其增加进来。

父设备的设置：单击父设备属性，如图 5.25 所示，选择串口 COM1，校验方式为偶校验。子设备的设置：单击子设备属性，打开"设备调试"选项卡，如出现 0 通道的通道值为"0"，说明通信成功，即可进入数据连接过程。

项目五 十字路口交通灯运行监控

图 5.24 PLC 设备的通信连接设置

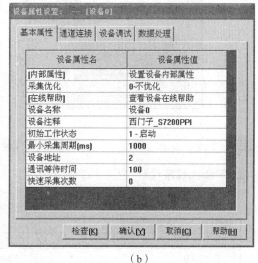

图 5.25 父设备属性设置

数据连接过程：先单击内部属性右侧（图 5.26 右侧），之后单击"增加通道"按钮，通道类型分为 4 种，包括 I 输入、Q 输出、M 中间寄存器、V 数据存储器，每个通道变量可进行只读、读写、只写设置，具体如图 5.26 所示。

通道选择完成后，还要进行通道连接，以实现外部变量与组态数据库变量的一一对应，一些设置如图 5.27 所示。

设备和通道连接成功后，即可进行组态监控，首先是 PLC 程序，之后进入组态运行环境，在调试过程中，需针对画面动作过程和 PLC 控制过程进行同步时间调整，尽量做到仿真同步（包括开关量动作、运行画面动作）。

图 5.26 "增加通道"对话框

（a）

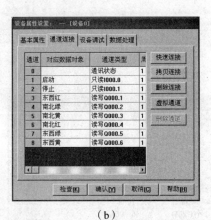
（b）

图 5.27 通道连接设置

6. 下位机程序设计

按照上述接口分配，可参考图 5.28 进行编程和下载调试。

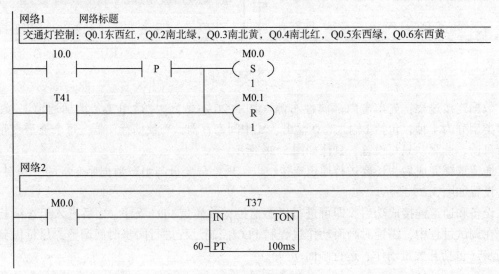

图 5.28 编程和调试

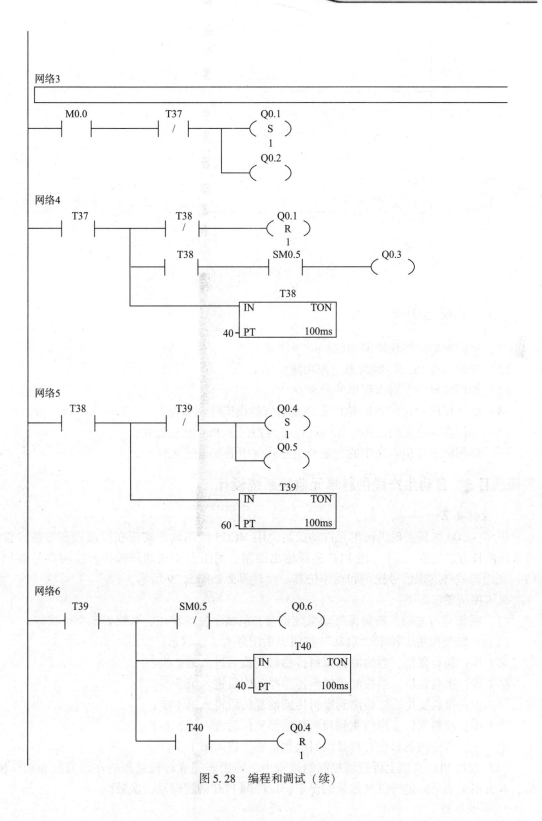

图 5.28 编程和调试（续）

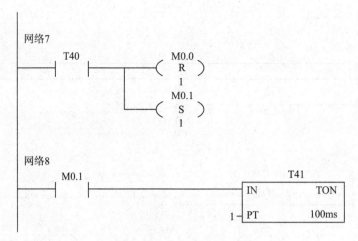

图 5.28　编程和调试（续）

5.5　问题与思考

（1）定时器如何实现暂停功能？
（2）如何实现 PLC 控制组态监控功能？
（3）如何实现组态脚本程序的控制？
（4）如何使用"定时器"构件实现交通灯的模拟控制监控？
（5）如何实现设备的组态？如何将设备与西门子 PLC 建立连接？
（6）如何将下位机程序中的变量与组态软件中的变量连接？

实践项目 5　自动生产线供料单元监控系统设计

1. 控制要求

用 S7-200 编程实现供料单元自动控制，用 MCGS 组态软件实现在线监控和参数设置，可采用两种方法完成：（1）用 PLC 实现输出控制，用组态实现动作模拟和实时信号监控；（2）用组态软件实现信号控制和动作仿真。设计界面如图 5.29 所示。

具体控制要求如下：

（1）系统运行之前，需确保气动系统正常，机械手复位状态，系统处于复位状态。

（2）系统复位后，按下"启动"按钮，系统进入工作状态：

第 1 步：顶料置位，当检测到顶料传感器到位后进入第 2 步；

第 2 步：推料置位，当检测到推料传感器到位后进入第 3 步；

第 3 步：推料复位，当检测到推料传感器复位后进入第 4 步；

第 4 步：顶料复位，当检测到顶料传感器复位后进入第 5 步；

第 5 步：若检测到料仓有料且供料次数不够，进入第 1 步。

（3）在用 PLC 实现上诉逻辑控制的过程中，需组态完成运行过程的在线监控和动作模拟，并可用组态桌面进行供料数量的设定，以控制 PLC 的逻辑动作次数。

2. 参考界面

供料站监控画面如图 5.30 所示。

项目五 十字路口交通灯运行监控

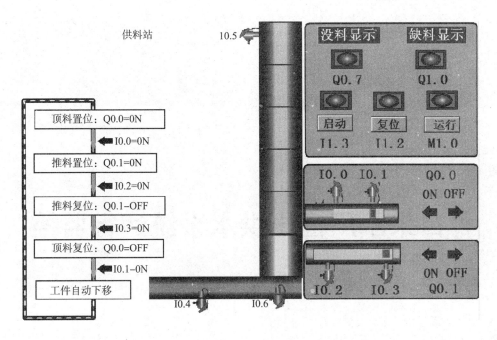

图 5.29 设计界面

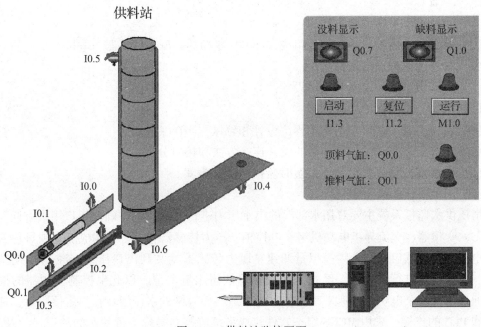

图 5.30 供料站监控画面

项目六 自来水厂恒压供水系统运行监控

6.1 项目导入

1. 学习目标

(1) 了解供水系统的基本知识;
(2) 熟悉供水监控系统的硬件组成（PLC、变频器、压力传感器、电机）;
(3) 掌握组态画面的制作方法;
(4) 掌握数据库的定义和属性设置;
(5) 掌握组态画面的动画连接;
(6) 掌握实现工艺要求的脚本程序设计和调试（PID）;
(7) 掌握组态与PLC、变频器的设备连接方法和接口分配;
(8) 掌握虚拟仿真和设备连接实时监控的调试步骤。

2. 项目描述

恒压供水监控系统主要对用水部门的出水压力进行恒定控制，确保用户用水方便，一般由PLC、变频器、交流异步电动机组、电控柜、压力传感器和上位机构成。本项目包含一台水泵电机，实现软启动和变频模拟量调速，压力传感器检测到出口压力，经PLC模拟通道采样，与设定值进行比较后，经过PID控制算法得出输出值，以此来控制变频器的输出频率，通过改变水泵电机的转速来改变供水量，最终使管网的水压维持在给定值附近，通过工控机和PLC的连接，采用MCGS组态软件完成系统监控，实现运行状态的动态显示及报警、曲线的查询。

用S7-200编程实现恒压供水自动控制。恒压供水监控系统采用一台变频器和一台PLC加一台工控机实现，用MCGS组态软件实现在线监控和参数设置，具体控制要求如下：

(1) 系统运行时，先通过组态桌面设置给水出口的压力值、比例、积分、微分参数，并将其送给 PLC，再通过 PLC 模拟通道自动检测压力传感器传来的出水压力。

(2) 当出口压力较小时，变频器满负荷运行，输出 50 Hz 频率。

(3) 当出口压力靠近给定值附近时，自动进入 PID 控制程序。

(4) 组态系统可在桌面设置各类参数，并可实时监控运行状态。

(5) 组态系统需要实现数据的报警、实时曲线监控和数据储存。

6.2　项目资讯

1. 实时曲线构件

实时曲线是用曲线显示一个或多个数据对象数值的动画图形，实时记录数据对象值的变化情况。实时曲线可以用绝对时间为横轴标度，此时构件显示的是数据对象的值与时间的函数关系。实时曲线也可以使用相对时钟为横轴标度，此时需指定一个表达式来表示相对时钟，构件显示的是数据对象的值相对于此表达式值的函数关系。在相对时钟方式下，可以指定一个数据对象为横轴标度，从而实现记录一个数据对象相对另一个数据对象的变化曲线。

实时曲线的组态包括基本属性的设置、标注属性的设置、画笔属性的设置和可见度的设置。

基本属性的设置包括坐标网络的数目、颜色、线型、背景颜色、边线颜色、边线线型、曲线类型等。其中，曲线的类型有"绝对时钟实时趋势曲线"和"相对时钟实时趋势曲线"两类。标注属性的设置包括 X 轴和 Y 轴标注文字的颜色、间隔、字体和长度等，当曲线的类型为"绝对时钟实时趋势曲线"时，需要指定时间格式和时间单位。通过画笔属性的设置最多可同时显示 6 条曲线。通过可见度的设置可以设置实时曲线构件的可见度条件。

2. 历史曲线构件

历史曲线的功能是实现历史数据的曲线浏览。运行时，历史曲线能够根据需要画出相应历史数据的趋势效果图，描述历史数据的变化。历史曲线的组态包括基本属性的设置、存盘数据、标注属性的设置、曲线表示、输出信息和高级属性的设置。

与实时曲线不同，历史曲线必须指明历史曲线对应的存盘数据的来源，即来源可以是组对象、标注的 Access 数据库文件等；在标注属性的设置中要设定历史曲线数据的对应时间；历史曲线也可以绘制多条曲线，并可通过曲线颜色的变化加以区分；输出信息用来在对应数据对象列中定义对象和曲线的输出信息相连接，以便在运行时通过曲线信息显示窗口显示；高级属性的设置包括在运行时显示曲线翻页操作按钮、在运行时显示曲线放大操作按钮、显示曲线信息窗口、自动刷新周期、自动减少曲线密度、设置端点间隔、使信息显示窗口跟随光标移动。

6.3　项目分析

1. 界面设计

恒压供水监控系统需要 1 个用户窗口用于体现数据报警、实时曲线、PID 参数设定等功能，参考组态画面如图 6.1 所示。其中画面制作中主要涉及工具箱中的标签、流动块、标准按钮、输入框、实时曲线、历史曲线、报警显示，以及图形元件库中的按钮、指示灯、传感器等。

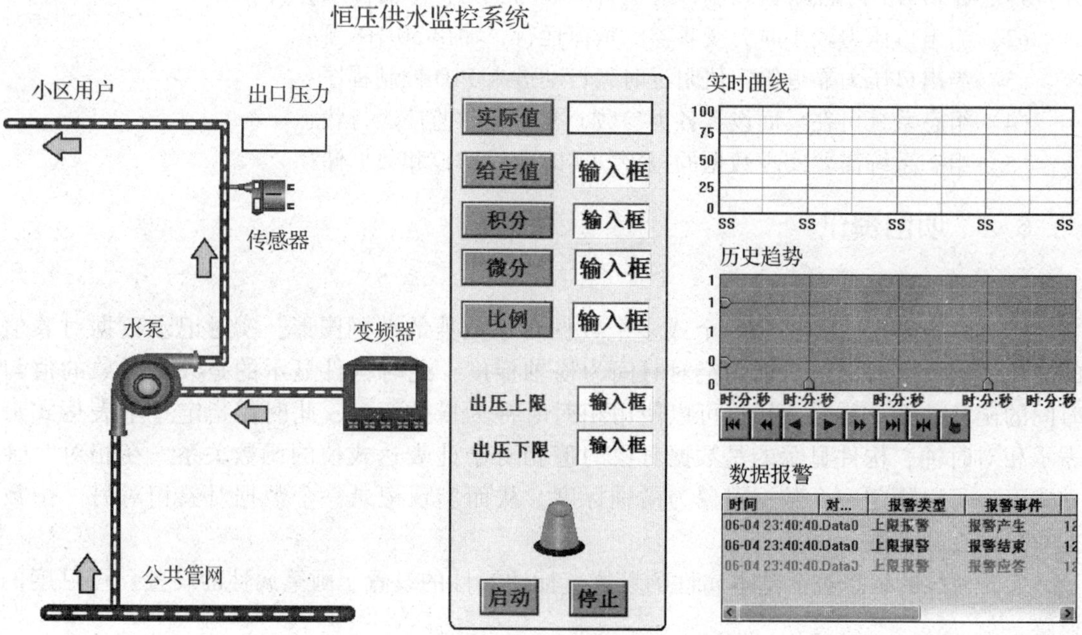

恒压供水监控系统

图 6.1 恒压供水监控系统参考组态画面

2. 数据对象的建立

通过对恒压供水监控系统要求的分析，初步确定本工程中需要用到的数据对象，见表 6.1。

表 6.1 恒压供水监控系统定义数据对象表

序号	对象名称	类型	初值
1	启动	开关型	0
2	运行	开关型	0
3	比例系数	数值型	0
4	变频器输出	数值型	0
5	出口压力	数值型	0
6	C	组对象	0
7	出压报警	数值型	0
8	给定值	数值型	0
9	积分系数	数值型	0
10	实际值	数值型	0
11	停止	开关型	0
12	微分系数	数值型	0

3. 运行策略

（1）需要 1 个用户策略，用于报警数据浏览。

(2) 需要 2 个"脚本程序"构件，1 个用于出水压力上、下限设定值，1 个用于启停控制。

6.4 项目实施

1. 新建工程

选择"文件"→"新建工程"命令，并保存新工程。保存时，可选择更改工程文件名为"恒压供水系统"，默认保存路径为"D:\MCGS\WORK\恒压供水系统"。

2. 定义数据变对象

在开始定义之前，先对所有的数据对象进行分析。本项目主要包含 2 个模拟量，其中包括输入信号 1 路，即出口压力，通过 PLC 模拟通道作为采样信号，输出信号 1 路，即为变频器输出，用 PLC 模拟量 PID 输出控制，"启动"和"停止"按钮作为桌面按钮控制，并通过组态方式控制 PLC 的运行与停止。

按照学过的方法，将表 6.1 中的数据全部创建在 MCGS 组态的实时数据库中，如图 6.2 所示。

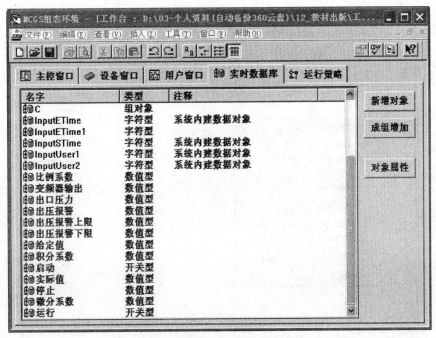

图 6.2　恒压供水实时数据库变量

3. 监控画面的设计与组态

在工作台窗口的"用户窗口"选项卡中单击"新建窗口"按钮，建立"窗口 0"，选中"窗口 0"，单击"窗口属性"按钮，打开"用户窗口属性设置"对话框，将"窗口名称"改为"恒压供水监控系统"，将"窗口标题"改为"恒压供水"，其他不变，单击"确认"按钮，如图 6.3 所示。

在"用户窗口"中，选中"恒压供水监控"，单击鼠标右键，选择快捷菜单中的"设置为启动窗口"命令，将该窗口设置为运行时自动加载的窗口。已设置好的用户窗口如图 6.4 所示。

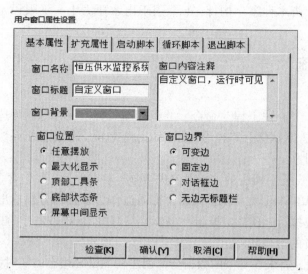

图 6.3 "用户窗口属性设置"对话框

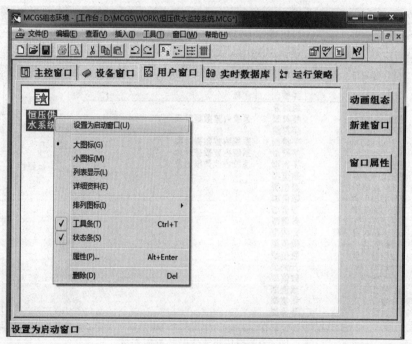

图 6.4 用户窗口的设置

选中"恒压供水监控"窗口图标,单击"动画组态"按钮,进入动画组态窗口,开始编辑画图。

1)制作静态文字

单击工具条中的"工具箱"按钮 ,打开绘图工具箱,选择工具箱内的"标签"按钮 ,鼠标的光标呈现"十"字形,在窗口顶端中心位置拖曳鼠标,根据需要拉出一个一定形状的矩形,在光标中心闪烁位置输入文字"恒压供水系统监控画面",按 Enter 键或在窗口任意位置单击,文字输入完毕。

选中文字框,进行如下设置:单击"填充色"按钮 ![], 设定文字框背景为"没有填充",单击"线色"按钮 ![], 设置文字框边线的边线颜色为"没有边线"。也可用另一方法设置文字框,即选中文字框,通过右键快捷菜单的"属性"命令打开"动画组态属性设置"对话框,如图6.5所示。

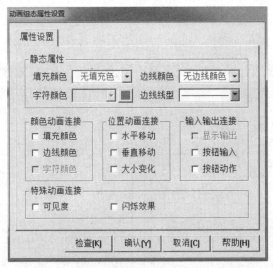

图6.5 恒压供水监控系统的动画组态属性设置

2)添加图形构件

选择"编辑"菜单中的"插入元件"命令,弹出"对象元件库管理"对话框,如图6.6所示,从"阀"和"泵"类中分别选取阀和泵。现以水泵的组态为例讲解。选择对象元件库中的"泵25",适当调整大小,将之放在合适的位置,后向右旋转90°,双击该图符,打开"单元属性设置"对话框,在"动画连接"选项卡中单击"组合图符",再单击其后面出现的 ![] 图标,打开组合图符的"动画组态属性设置"对话框,其设置如图6.6所示。

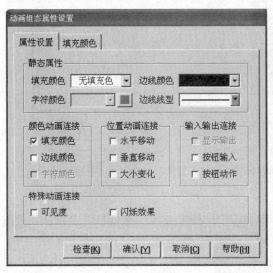

图6.6 水泵的属性设置

3）流动管道

选中工具箱内的"流动块"动画构件，鼠标的光标呈"十"字形，移动鼠标至窗口的预定位置，单击鼠标左键，移动鼠标，在鼠标光标后形成一道虚线，拖动一定距离后，单击鼠标左键，生成一段流动块。再拖动鼠标（可沿原来的方向，也可垂直于原来的方向），生成下一段流动块。当想结束绘制时，双击即可。当想修改流动块时，选中流动块（在流动块周围出现选中标志，即白色小方块），鼠标指针指向小方块，按住左键不放，拖动鼠标，即可调整流动块的形状。流动块的属性设置与变量连接如图6.7所示。

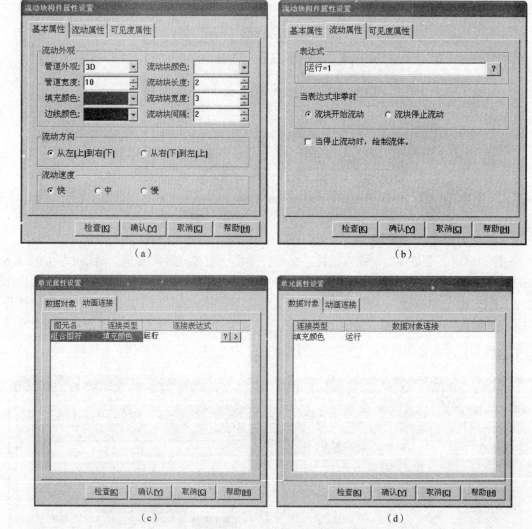

图6.7 流动块的属性设置与变量连接

4）标准按钮

选择工具箱内的"标准"按钮 ，鼠标的光标呈"十"字形，在窗口拖曳鼠标，根据需要拉出一个一定大小的按钮。双击该按钮图符，弹出"标准按钮构件属性设置"对话框，如图6.8所示。打开"基本属性"选项卡，将"按钮标题"文本框的内容更改为"启动"，对齐方式均采用"中对齐"；对字体及字体颜色进行设置，按钮类型均为"标准3D按钮"。单击

"确认"按钮退出,用同样的方法绘制"停止"按钮及界面中其他类似功能的按钮。

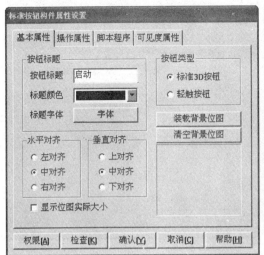 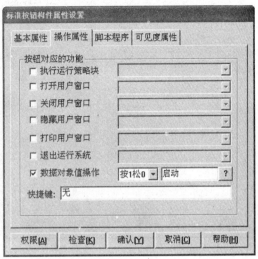

图 6.8 "标准按钮构件属性设置"对话框

5)指示灯

系统的动画组态窗口需要一个"启动状态"指示灯和一个"停止状态"指示灯。可利用对象元件库提供的"图形对象"完成指示灯画面的编辑。单击绘图工具箱中的"插入元件"按钮,打开"对象元件库管理"对话框,在"对象元件列表"中双击"指示灯"选项,在右边列表框中选择"指示灯8"到动画组态窗口中。将两个指示灯分别摆放到两个按钮的上方,保存设置。连接变量"运行"即可。

6)输入框

界面中的设定值均需输入框构件完成。单击工具箱中的"输入框"图标 ab,在界面中的响应位置绘制大小合适的矩形框,双击该输入框图符,进行属性设置,如图 6.9 所示。

(a) (b)

图 6.9 输入框属性设置

(a)"给定值"属性设置;(b)"积分系数"属性设置;

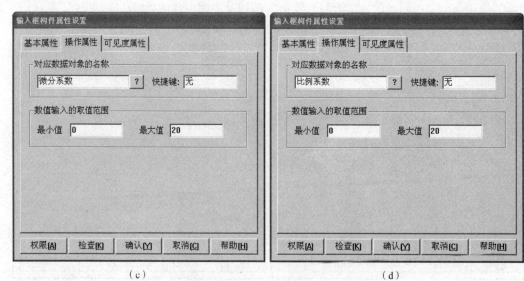

图 6.9 输入框属性设置（续）
(c)"微分系数"属性设置；(d)"比例系数"属性设置

7) 显示输出

为了显示输出压力，需要标签来实现。单击工具箱中的"标签"图标 **A**，在合适的位置绘制大小合适的矩形框，双击该图符，其设置如图 6.10 所示。

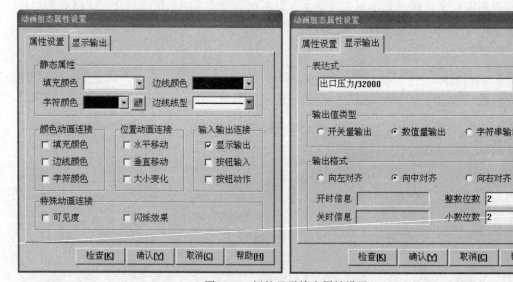

图 6.10 标签显示输出属性设置

恒压供水组态画面绘制如图 6.11 所示。

4. 恒压供水监控系统报警显示

1) 报警的定义

首先要对所要报警的数据在实时数据库中设置，具体操作为进入"实时数据库"窗口，双击数值量"出压报警"，将其中的"报警属性"打开，并允许进行报警处理，在下限和上

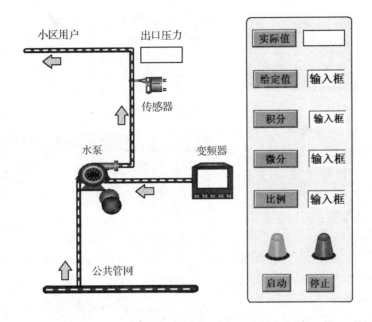

图 6.11 恒压供水动画组态画面

限报警中设置好某个数值,本项目中出口压力检测最大值为模拟量 10 V,对应数值量 32 000,经标变后最大值为 1.0。图 6.12 表示"出压报警"下限报警值为 0.6,上限报警值为 0.9,其他数值量报警依此类推,报警数据在数据库窗口设置完成后,即可进入用户窗口,新增一个画面,以实现报警数据的监测。

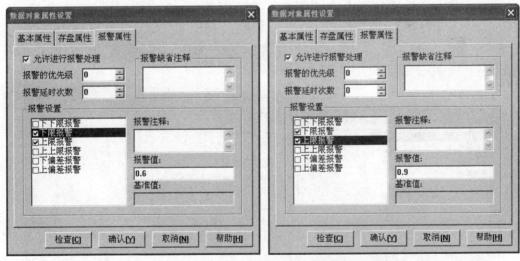

图 6.12 "出水压力"数据变量报警属性设置窗口

2) 报警显示

单击工具箱中的"报警显示"图标 🔔 ,鼠标的光标变为"十"字形后用鼠标拖动图标到适当位置与大小,如图 6.13 所示。

图 6.13 报警控制显示设置

双击数据报警图形构件,弹出图 6.14 所示的对话框,把"对应的数据对象的名称"改为"出压报警",把"最大记录次数"设为 6。单击"确认"按钮后,报警显示设置完毕。

3) 报警数据处理

在报警定义时,已经让当有报警产生时"自动保存产生的报警信息",接下来对报警数据进行处理。

在"运行策略"中,单击"新建策略"按钮,弹出"选择策略的类型"对话框,选择"用户策略"选项,单击"确定"按钮,如图 6.15(a)所示。选中"策略 1",单击"策略属性"按钮,弹出"策略属性设置"对话框,把"策略名称"设为"报警数据",把"策略内容注释"为"恒压供水报警数据",单击"确认"按钮,如图 6.15(b)所示。

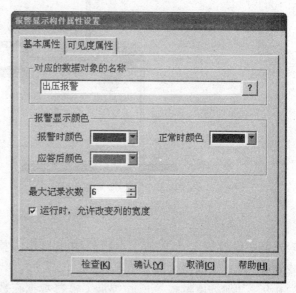

图 6.14 出水压力属性设置窗口

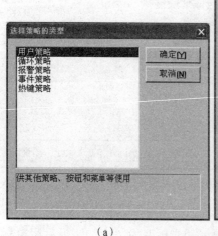
(a)

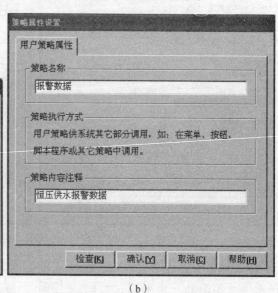
(b)

图 6.15 报警数据设置
(a) 新增"用户策略";(b) 新增用户策略属性设置

选中"报警数据",单击"策略组态"按钮进入,在策略组态中,单击工具条中的"新增策略行"图标 ,新增加一个策略行。再从策略工具箱中选取"报警信息浏览",加到策略行 上,如图 6.16 所示。

图 6.16 添加报警信息浏览

双击 图标,弹出"报警信息浏览构件属性设置"对话框,在"基本属性"选项卡中,把"报警信息来源"区域的"对应数据对象"改为"出压报警"。单击"确认"按钮,设置完毕,如图 6.17(a)所示。单击"测试"按钮,打开"报警信息浏览"窗口,如图 6.17(b)所示。

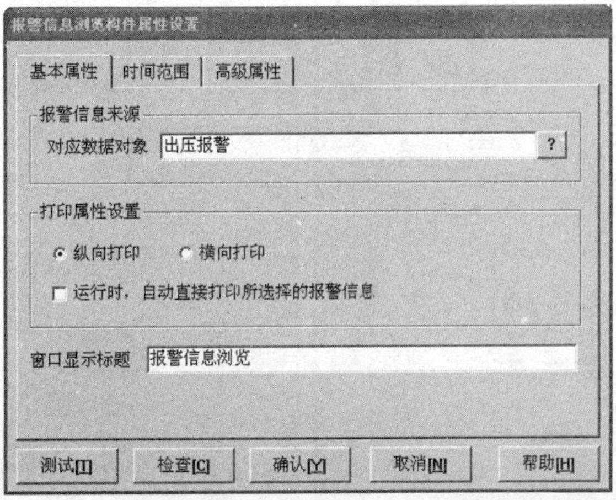

(a)

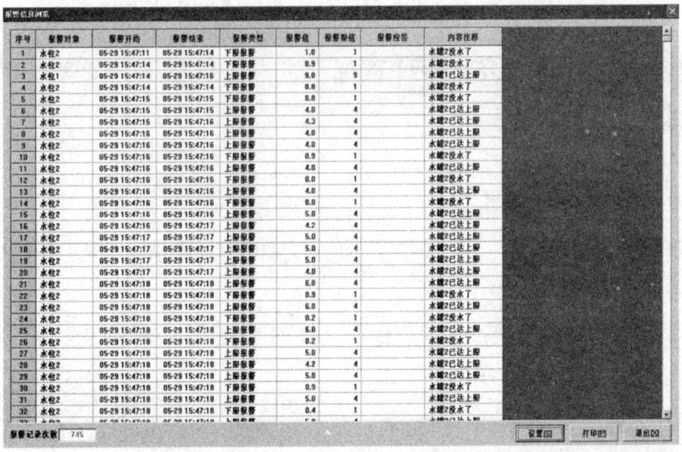

(b)

图 6.17 报警信息浏览属性设置及测试
(a)报警信息浏览属性设置;(b)报警信息浏览测试

退出策略组态时，会弹出图 6.18 所示对话框，单击"是"按钮，就可对所作设置进行保存。

如何在运行环境中看到刚才的报警数据呢？请按如下步骤操作：

在 MCGS 组态平台上，单击"主控窗口"，在"主控窗口"中，选中"主控窗口"，单击"菜单组态"按钮

图 6.18　退出策略组态保存窗口

进入。单击工具条中的"新增菜单项"图标 ，或用鼠标右键单击空白处，选择"新增菜单项"命令，这时会产生"操作 0"菜单。双击"操作 0"菜单，弹出"菜单属性设置"对话框。在"菜单属性"选项卡中把"菜单名"改为"报警数据"。在"菜单操作"中勾选"执行运行策略块"复选框，选择"报警数据"选项，单击"确认"按钮，设置完毕，如图 6.19 所示。

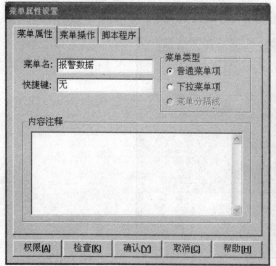 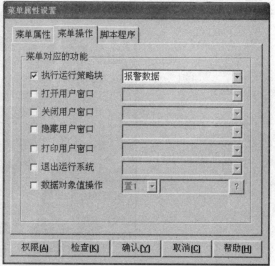

图 6.19　"主控窗口"中的菜单属性设置

现在按 F5 键或单击工具条中的 图标，进入运行环境，就可以用"报警数据"菜单打开报警历史数据。

4）修改报警限值

在实时数据库中，对"出压报警"的上、下限报警值都定义好了，如果想在运行环境下根据实际情况随时需要改变上、下限报警值，又如何实现呢？MCGS 提供了大量的函数，可以根据需要灵活地进行运用。

在实时数据库中选"新增对象"，增加两个数值型变量，分别为出压报警上限、出压报警下限，其初值分别设置为 0.9、0.6。

在"用户窗口"的工具箱中选"标签"图标 用于文字注释，选"输入框"图标 用于输入上、下限值。双击"输入框"图符，进行属性设置，只需要设置"操作属性"，其他不变，如图 6.20 所示。

(a) (b)

图 6.20 出压报警限值输入框的属性设置
(a) 出压报警上限操作属性设置；(b) 出压报警下限操作属性设置

在 MCGS 组态平台上，单击"运行策略"，在"运行策略"中双击"循环策略"，双击 图标进入脚本程序编辑环境，在脚本程序中增加如下语句：

!SetAlmValue（出压报警,出压报警上限,3）

!SetAlmValue（出压报警,出压报警下限,2）

如果对函数!SetAlmValue（出压报警,出压报警上限,3）不了解，可以求助"在线帮助"，单击"帮助"按钮，弹出"MCGS 帮助系统"对话框，在"索引"中输入"!SetAlmValue"。更多函数参照书后附录。

5. 实时曲线

"实时曲线"构件是用曲线显示一个或多个数据对象数值的动画图形，像笔绘记录仪一样实时记录数据对象值的变化情况。

在用户窗口中，双击"实时数据曲线构件"图标，弹出"实时曲线构件属性设置"对话框，在"标注属性"选项卡中进行设置，如图 6.21（a）所示。在"X 轴标注"区域，"标注颜色"：黄色，"标注间隔"：1，"时间单位"：秒钟，"X 轴长度"：20。"Y 轴标注"区域，"标注颜色"：黄色，"标注间隔"：1，"最小值"：0.0，"最大值"：100.0。打开，"画笔属性"选项卡，设置"画笔对应的表达式和属性"，如图 6.21（b）所示。将曲线 1 的表达式设为"给定值*100"，"颜色"选择"绿色"，"线型"选择"粗线条"；将曲线 2 的表达式设为"出口压力/32000"，"颜色"选择"红色"，"线型"选择"粗线条"。单击"确认"按钮退出即可。

单击"确认"按钮，在运行环境中单击"数据显示"菜单，就可看到实时曲线，双击曲线可以放大曲线。

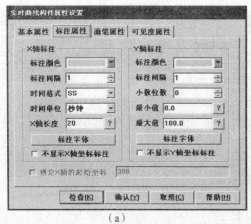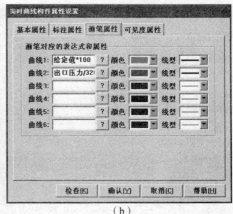

图 6.21 "实时曲线构件属性设置"对话框
(a)"标注属性"选项卡;(b)"画笔属性"选项卡

6. 历史曲线

"历史曲线"构件实现了历史数据的曲线浏览功能。运行时,"历史曲线"构件能够根据需要画出相应历史数据的趋势效果图。历史曲线主要用于事后查看数据和状态变化趋势并总结规律。

在用户窗口中,双击工具箱中的"历史曲线构件"图标 ,将之拖放到适当位置并调整大小。双击曲线,弹出"历史曲线构件属性设置"对话框,在"基本属性"选项卡中进行设置,打开"存盘数据"选项卡,在"历史存盘数据来源"区域进行设置,最后打开"标注设置"选项卡进行设置,如图 6.22 所示。

在运行环境中,单击"报表数据"菜单,打开"数据显示窗口",就可以看到实时曲线、历史曲线。

7. 设备连接

本项目的外设采用 S7-200PLC + EM235 实现对供水系统出口压力的闭环控制,其中 AIW0 为出口压力检测通道、AQW0 为模拟量输出通道,通过电流型输出形式作为变频器输出值。

I/O 具体分配如下:

模拟量输出:AQW0;变频器输出:4~20 mA。

模拟量输入:AIW0;出口压力:0~10 V。

在设备窗口中双击"设备窗口"图标,进入"设备组态"窗口,单击工具条中的"工具箱"按钮,打开设备工具箱。单击设备工具箱中的"设备管理"按钮,在可选设备列表中,双击"通用设备",即将设备工具箱中的通用串口父设备添加到设备组态窗口中,如图 6.23 所示。

选中"设备0",单击鼠标右键,选择快捷菜单中的"属性"选项,打开"设备属性设置"对话框,单击"通道连接"选项卡,进行内部属性设置,如图 6.24 所示。单击"设备调试"选项卡,可对数据对象连接参数进行修改,如图 6.25 所示。

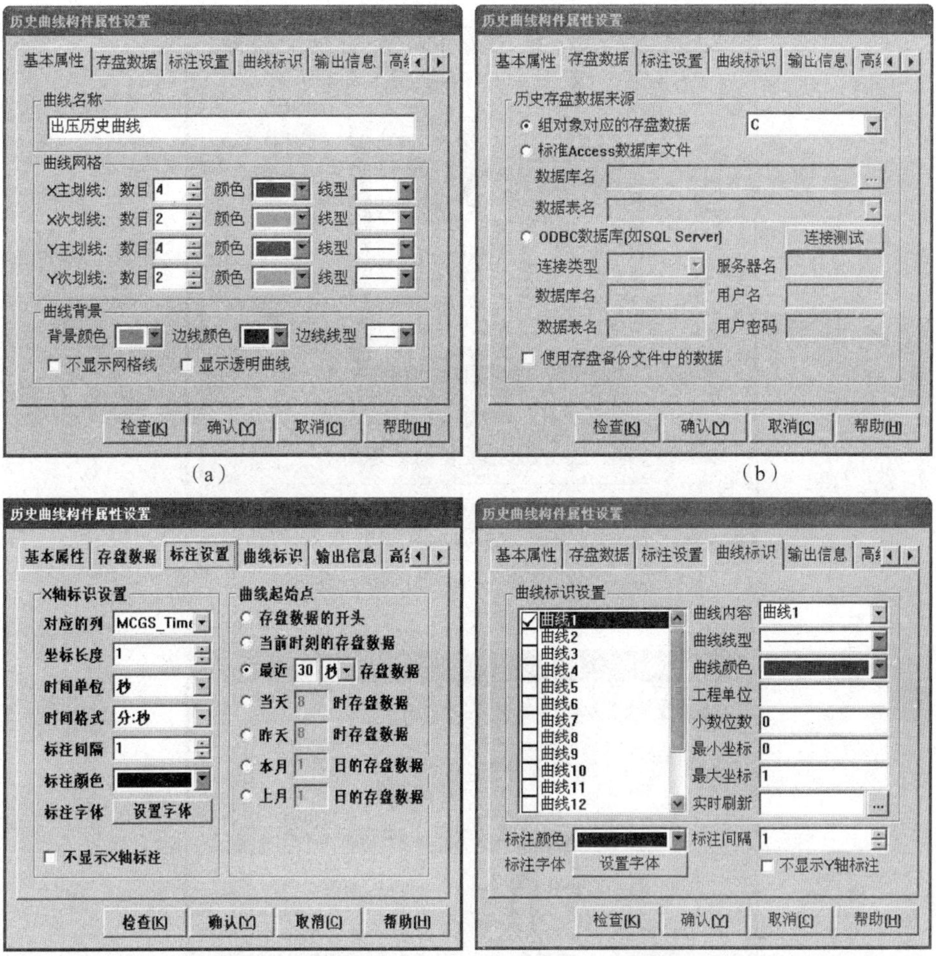

项目六 自来水厂恒压供水系统运行监控

(a)

(b)

(c)

(d)

图 6.22 "历史曲线构件属性设置"对话框
(a)"基本属性"选项卡；(b)"存盘数据"选项卡；(c)"标注设置"选项卡；(d)"曲线标识"选项卡

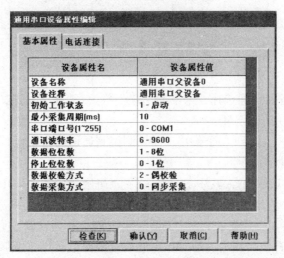

图 6.23 "通用串口设备属性编辑"对话框

173

图 6.24　"设备属性设置"对话框的"通道连接"选项卡

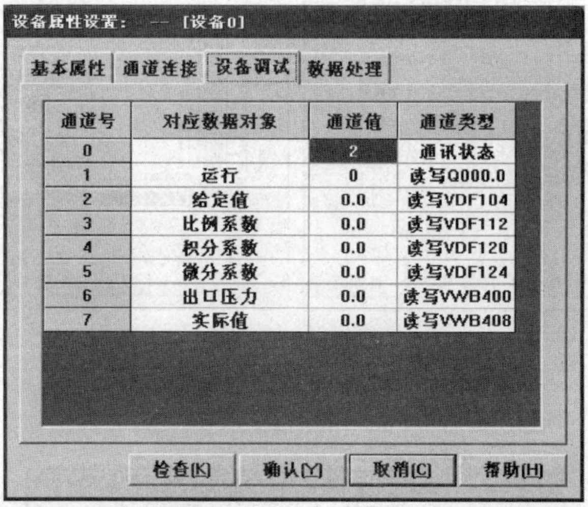

图 6.25　"设备属性设置"对话框的"设备调试"选项卡

温馨提示：
(1) 通用串口设备需正确选择，采集周期选小些为好，以提高响应速度。
(2) 通道选择分为 I、Q、M、V。
(3) 在设备调试中，对于"通道0"，需要测试到通道值为0，才表示通信成功。

8. 下位机程序设计

下位机 PLC 程序如下所示，其中 PID 子程序为初始化设置，VD104 为给定值，可通过组态桌面设置；VD112 为增益系数，VD116 为采样时间，VD120 为积分时间，VD124 为微分时间，可根据具体需要灵活设置；PID 中断程序中，VD100 为出口压力当前值，VD108 为输出当前值，AIW0 为采样出口压力，AQW0 为模拟量输出值，用于变频器当前输出，以下程序仅供参考。

主程序（网络1～网络3）：

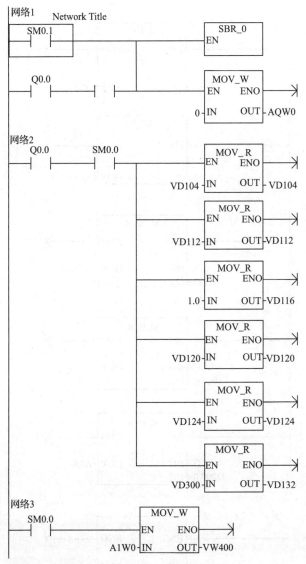

子程序（网络1）：

中断程序（网络1~网络3）：

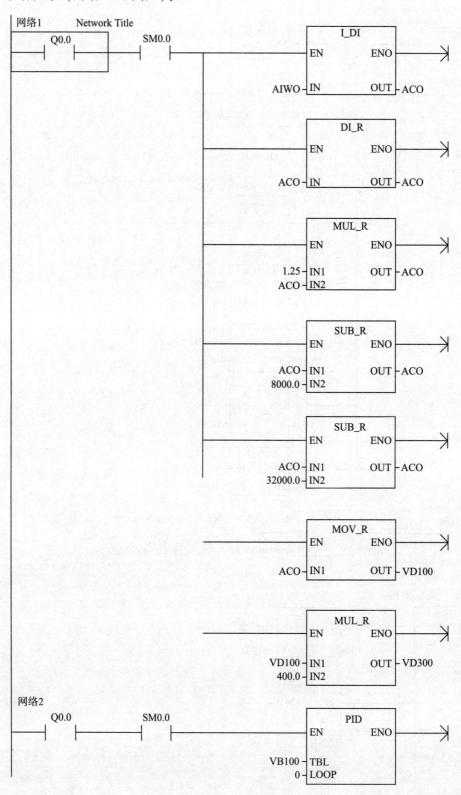

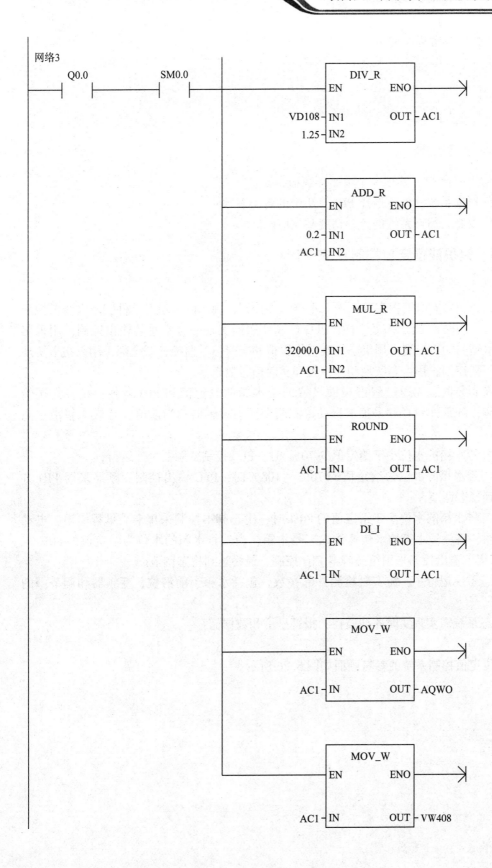

组态脚本控制参考程序如下：

```
出压报警 = 出口压力 /32000
IF 启动 = 1 THEN 运行 = 1
IF 停止 = 1 THEN 运行 = 0
```

6.5 问题与思考

(1) 如何用一台 PLC 实现一个单闭环恒值控制？
(2) 如何根据系统的性质选择 PID 算法中的各类参数？
(3) 如何提高大惯性系统的控制精度和响应时间？

实践项目 6 锅炉液位定值控制系统设计

1. 控制要求

用 S7-200 和采集卡编程实现锅炉双水位闭环控制，用 MCGS 组态软件实现在线监控和参数设置，可采用两种方法完成：①用 PLC 控制变频器实现一号水箱的输出控制，用采集卡控制二号水箱的输出控制，用组态实现动作模拟和实时信号监控；②全部采用采集卡实现双水位 PID 闭环控制，用组态实现动作模拟和实时信号监控。

(1) 系统运行时，先通过组态桌面设置两个水箱的设定值和 PID 参数，并将其送给 PLC 或采集卡，再通过 PLC 和采集卡自动检测两个压力传感器的当前值（代表水箱液位高度）。

(2) 当一号水箱的水位小于给定值的 70% 时，PLC 控制变频器全速运行，

(3) 当一号水箱的水位为给定值的 70%~100% 时，PLC 输出控制变频器采用 PID 方式，最终达到稳态调节。

(4) 当二号水箱的水位小于给定值的 80% 时，组态脚本控制采集卡满量程输出，电动调节阀全开通，将一号水箱的水快速注入二号水箱，当二号水箱的水位为给定值的 80%~100% 时，采集卡输出控制采用组态脚本 PID 控制，最终达到稳态调节。

(5) 组态系统运行中，需实时检测外部参数，包括水箱当前液位、变频器和调节阀的输出状态。

(6) 组态系统需实现实时曲线监控、报警显示和数据储存。

2. 用户窗口

锅炉液位定值控制系统的参考画面如图 6.26 所示。

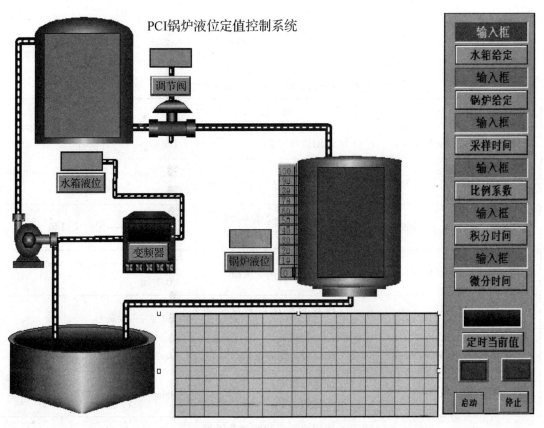

图 6.26 锅炉液位定值控制系统的参考画面

附　　录

附表1　运行环境操作函数使用方法说明

函 数 名 称	功　　能	参 数 说 明
!CallBackSvr（DatName）	调用后台对象	DatName——对象名
!ChangeLoopStgy（StgyName，n）	改变循环策略的循环时间	StgyName——策略名；n——循环时间
!CloseAllWindow（WndName）	关闭除 WndName 外的所有窗口	WndName——用户窗口名
!EnableStgy（StgyName，n）	打开或关闭某个策略	StgyName——策略名；n=1 打开，n=0 关闭
!GetDeviceName（Index）	按设备顺序得到设备的名字	Index——设备号
!GetDeviceState（DevName）	按设备查询设备状态	DevName——设备名
!GetStgyName（Index）	按运行策略的顺序获得各策略块的名字	Index——运行策略顺序号
!GetWindowName（Index）	按用户窗口的顺序获得用户窗口的名字	Index——用户窗口顺序号
!GetWindowState（WndName）	按照名字取得用户窗口的状态	WndName——用户窗口名称
!SetActiveX（Activename，n，str）	向窗口中的 ActiveX 控件发出控件命令	Activename——控件名称；n——命令类型；str——命令字符串
!SetDevice（DevName，DevOp，CmdStr）	按照设备名字对设备进行操作	DevOp——设备操作码，CmdStr——设备命令字符串
!SetStgy（StgyName）	执行 StgyName 指定的运行策略	StgyName——策略名
!SetWindow（WndName，Op）	按照名字操作用户窗口	Op——操作用户窗口的方法
!SysWindow（）	打开用户窗口管理窗口	无
!DisableCtrlAltDel（）	屏蔽热键 Ctrl + Alt + Del	无
!EnableCtrlAltDel（）	恢复热键 Ctrl + Alt + Del	无
!RestartProject（）	重新启动运行环境	无

附表 2　数据对象操作函数使用方法说明

函数名称	功　能	参数说明
!AnswerAlm（DatName）	应答数据对象 DatName 所产生的报警	DatName——数据对象名
!ChangeDataSave（Datname，n）	改变数据对象 DatName 存盘的周期	n——存盘时间
!ChangeSaveDat（Datname，Num1，Num2）	改变数据对象 Datname 所对应存盘数据的存盘间隔，把 Num1 小时以前的存盘数据的存盘间隔改为 Num2 秒	Num1——数值型时间量，单位小时
!CopySaveDat（Tdb，Sdb，TabName，TimeField，Flag）	复制数据库中数据表的数据	Tdb——目标数据库名；Sdb——源数据库名；TabName——数据表名；TimeField——定义的时间字段名；Flag——复制方式
!DelAllSaveDat（DatName）	删除数据对象对应的所有存盘数据	DatName——数据对象名
!DelAllAlmDat（DatName）	删除数据对象对应的所有报警存盘数据	DatName——数据对象名
!DelAlmDat（DatName，Num）	删除数据对象的报警存储数据中最早 Num 小时内的报警存储数据	Num——时间，单位为小时
!DelSaveDat（DatName，Num）	删除数据对象的存盘数据中最早 Num 小时内的存盘数据	Num——时间，单位为小时
!EnableAlm（name，n）	打开/关闭数据对象的报警功能	name——变量名；n=1 表示打开报警，n=0 表示关闭报警
!EnableDataSave（name，n）	打开/关闭数据对象的定时存盘功能	n=1 表示打开定时存盘，n=0 表示关闭定时存盘
!GetAlmValue（DatName，Value，Flag）	读取数据对象的报警限值	Value——DataName 当前值的报警限值；Flag——标志要读取何种限值
!GetEventDT（EvName）	返回当前事件和上一次事件之间的时间差	EvName——事件变量名

续表

函数名称	功 能	参数说明
!GetEventP（EvName）	取到当前事件的附加说明字符串	EvName——事件变量名
!GetEventT（EvName）	取到当前事件产生的时间	EvName——事件变量名
!MoveAlmDat（DatName, FileName, Num1, Num2, Flag）	把数据对象所对应的报警存盘信息中的第 Num1 小时到 Num1 + Num2 小时内的报警存盘信息提取出来，转存到 FileName 所指定的数据库文件中	FileName——新的报警存盘文件名；Num1, Num2——时间，单位为小时；Flag——转存标志
!MoveSaveDat（DatName, FileName, Num1, Num2, Flag）	把数据对象的存盘数据中的第 Num1 小时到 Num1 + Num2 小时内的存盘数据提取出来，转存到 FileName 所指定的数据库文件中	同上
!SaveData（DatName）	把数据对象 DataName 对应的当前值存入存盘数据库中	DataName——数据对象名
!SaveDataInit（）	把设置有"退出时自动保存数据对象的当前值作为初始值"属性的数据对象的当前值存入组态结果数据中作为初始值	无
!SaveDataOnTime（Tim, TimeMS, DataName）	使用指定时间保存数据	Time——使用时间函数转换出的时间量；TimeMS——指定存盘时间的毫秒数；DataName——数据对象名
!SaveSingleDataInit（Name）	把数据对象的当前值设置为初始值	Name——数据对象名
!SetAlmValue（DatName, Value, Flag）	设置数据对象的报警限值	DatName——数据对象名；Value——新的报警值；Flag——标志要操作何种限值

附表3 用户登录操作函数使用方法说明

函 数 名 称	功　　能	参 数 说 明
!ChangePassword（）	弹出密码修改窗口，供当前登录的用户修改密码	无
!CheckUserGroup（strUserGroup）	检查当前登录的用户是否属于strUserGroup用户组的成员	strUserGroup——用户组名称
!Editusers（）	弹出用户管理窗口，供管理员组的操作者配置用户	无
!EnableExitLogon（n）	打开/关闭退出时的权限检查	n=1时表示在退出时进行权限检查，n=0则退出时不进行权限检查
!EnableExitPrompt（n）	打开/关闭退出时的提示信息	n=1时表示在退出时弹出提示信息对话框，n=0则退出时不出现信息对话框
!GetCurrentGroup（）	读取当前登录用户所在的用户组名	无
!GetCurrentUser（）	读取当前登录用户的用户名	无
!LogOff（）	注销当前用户	无
!LogOn（）	弹出登录对话框	无
!GetUserNameByIndex（n）	按索引号取得当前用户名	n——索引号值
!GetGroupNameByindex（n）	按索引号取得当前用户组名	n——索引号值
!GetProjectTotalUsers（）	取得当前工程用户总数	无

附表4 字符串操作函数使用方法说明

函数名称	功　能	参数说明
!Ascii2I（s）	返回字符串 s 的首字母的 AscII 码值	s——字符型
!Bin2I（s）	把二进制字符串转换为数值	s——字符型
!Format（n, str）	格式化数值型数据对象	n——要转换的数值；str——转换后的格式
!Hex2I（s）	把十六进制字符串转换为数值	s——字符型
!I2Ascii（s）	返回指定 AscII 码值的字符	s——字符型
!I2Bin（s）	把数值转换为二进制字符串	s——字符型
!I2Hex（s）	把数值转换为十六进制字符串	s——字符型
!I2Oct（s）	把数值转换为八进制字符串	s——字符型
!InStr（n, str1, str2）	查找一字符串在另一字符串中最先出现的位置	n——开始搜索的位置；str1——被搜索的字符串；str2——要搜索的字符串
!Lcase（str）	把字符型数据对象 str 的所有字符转换成小写	str——字符串
!Left（str, n）	字符型数据对象 str 左边起，取 n 个字符	str——源字符串；n——字符个数
!Len（Str）	求字符型数据对象 str 的字符串长度（字符个数）	str——字符串
!Ltrim（str）	把字符型数据对象 str 中最左边的空格剔除	str——字符串

续表

函数名称	功　能	参数说明
!lVal（str）	将数值类字符串转化为长整型数值	str——字符串
!Mid（str，n，k）	从字符型数据对象 str 左边第 n 个字符起，取 k 个字符	str——源字符串；n——起始位置；k——取字符数
!Oct2I（s）	把八进制字符串转换为数值	s——字符型
!Right（str，n）	从字符型数据对象 str 右边起，取 n 个字符	str——源字符串；n——字符数
!Rtrim（str）	把字符型数据对象 str 中最右边的空格剔除	str——字符串
!Str（x）	将数值型数据对象 x 的值转换成字符串	x——数据对象
!StrComp（str1，str2）	比较字符型数据对象 str1 和 str2 是否相等	str1——字符串 1；str2——字符串 2
!StrFormat（FormatStr，任意个数变量）	格式化字符串	FormatStr——格式化字符串
!Trim（str）	把字符型数据对象 str 中左、右两端的空格剔除	str——字符串
!Ucase（str）	把字符型数据对象 str 的所有字符转换成大写	str——字符串
!Val（str）	把数值类字符型数据对象 str 的值转换成数值	str——字符串

附表 5　定时器操作函数使用方法说明

函 数 名 称	功　能	参 数 说 明
!TimerClearOutput（定时器号）	断开定时器的数据输出连接	定时器号
!TimerRun（定时器号）	启动定时器开始工作	定时器号
!TimerStop（定时器号）	停止定时器工作	定时器号
!TimerSkip（定时器号，步长值）	在计时器当前时间数上加/减指定值	定时器号，步长值
!TimerReset（定时器号，数值）	设置定时器的当前值	定时器号，数值
!TimerValue（定时器号，0）	取定时器的当前值	定时器号，数值
!TimerStr（定时器号，转换类型）	以时间类字符串的形式返回当前定时器的值	定时器号；转换类型值
!TimerState（定时器号）	取定时器的工作状态	定时器号
!TimerSetLimit（定时器号，上限值，参数 3）	设置定时器的最大值	定时器号，上限值，参数 3＝0 或 1
!TimerSetOutput（定时器号，数值型变量）	设置定时器的值输出连接的数值型变量	定时器号，数值
!TimerWaitFor（定时器号，数值）	等待定时器工作到"数值"指定的值后，脚本程序才向下执行	定时器号，数值

附表6　系统操作函数使用方法说明

函数名称	功　能	参数说明
!AppActive（Title）	激活指定的应用程序	Title——所要激活的应用程序窗口的标题
!Beep（）	发出嗡鸣声	无
!EnableDDEConnection（DatName，n）	启动/停止数据对象的DDE连接	DatName——数据对象名；n=1时表示启动数据对象的DDE连接，n=0时则停止数据对象的DDE连接
!EnableDDEInput（DatName，n）	启动/停止数据对象的DDE连接时外部数值的输入	同上
!EnableDDEOutput（DatName，n）	启动/停止数据对象的DDE连接时向外部输出数值	同上
!LinePrtOutput（str）	输出到行式打印机	str——字符串
!PlaySound（SndFileName，Op）	播放声音文件	SndFileName——声音文件的名字；Op——播放类型
!SendKeys（str）	将一个或多个按键消息发送到活动窗口	str——要发送的按键消息
!SetLinePrinter（n）	打开/关闭形式打印输出	n=1，表示打开行式打印输出；n=0，表示关闭行式打印输出
!SetTime（n1，n2，n3，n4，n5，n6）	设置当前系统时间	n1~n6——年、月、日、小时、分钟、秒
!Shell（pathname，windowstyle）	启动并执行指定的外部可执行文件	Pathname——要执行的外部应用程序的名称；Windowstyle——被执行的外部应用程序窗口的状态
!Sleep（mTime）	在脚本程序中等待若干毫秒，然后再执行下条语句	mTime——等待的毫秒
!TerminateApplication（AppName，Timeout）	强行关闭指定的应用程序	AppName——应用程序标题名；Timeout——等待超时时间

续表

函数名称	功能	参数说明
!WaitFor（Dat1，Dat2）	在脚本程序中等待设置的条件满足，脚本程序再向下执行	Dat1——条件表达式；Dat2——等待条件满足的超时时间
!WinHelp（HelpFileName，uCommand，dwData）	调用 Windows 帮助文件	HelpFileName——帮助文件名；Ucommand——调用类型；dwData——上下文编号的数值
!Navigate（WebAddress）	引导浏览器浏览其他的网页	WebAddress——所要浏览的网址
!DDEReconnect（）	重新检查并恢复所有的 DDE 连接	无
!ShowDataBackup（）	显示数据备份恢复对话框	无

附表7　数学函数使用方法说明

函数名称	功能	参数说明
!Atn（x）	反正切函数	x——数值型
!Arcsin（x）	反正弦函数	x——数值型
!Arccos（x）	反余弦函数	x——数值型
!Cos（x）	余弦函数	x——数值型
!Sin（x）	正弦函数	x——数值型
!Tan（x）	正切函数	x——数值型
!Exp（x）	指数函数	x——数值型
!Log（x）	对数函数	x——数值型
!Sqr（x）	平方根函数	x——数值型
!Abs（x）	绝对值函数	x——数值型
!Sgn（x）	符号函数	x——数值型
!BitAnd（x，y）	按位与	x，y——开关型
!BitOr（x，y）	按位或	x，y——开关型

续表

函 数 名 称	功　能	参 数 说 明
!BitXor（x，y）	按位异或	x，y——开关型
!BitClear（x，y）	指定位置0，即从0位开始的第y位置0	x，y——开关型
!BitSet（x，y）	指定位置1，即从0位开始的第y位置1	x，y——开关型
!BitNot（x）	按位取反	x——数值型
!BitTest（x，y）	从0位开始到y位止检测指定位是否为1	x，y——开关型
!BitLShift（x，y）	从0位开始向左移动y位	x，y——开关型
!BitRShift（x）	从0位开始向右移动y位	x——数值型
!Rand（x，y）	生成x和y之间的随机数	x，y——开关型

附表8　文件操作函数使用方法说明

函 数 名 称	功　能	参 数 说 明
!FileAppend（strTarget，strSource）	将文件strSource中的内容添加到文件strTarget后面使两文件合并为一个文件	strTarget——目标文件路径；strSource——源文件路径
!FileCopy（strSource，strTarget）	将源文件strSource复制到目标文件strTarget，若目标文件已存在，则将目标文件覆盖	strTarget——目标文件路径；strSource——源文件路径
!FileDelete（strFilename）	将strFilename目标文件删除	strFilename——被删除的文件路径
!FileFindFirst（strFilename，objName，objSize，objAttrib）	查找第一个名字为strFilename的文件或目录	strFilename——要查找的文件名；objAttrib——查找结果的属性；objSize——查找结果的大小；objName——查找结果的名称
!FileFindNext（FindHandle，objName，objSize，objAttrib）	根据FindHandle提供的句柄，继续查找下一个文件或目录	FindHandle——句柄；objName——查找结果的名称；objSize——查找结果的大小；objAttrib——查找结果的名称

续表

函数名称	功能	参数说明
！FileIniReadValue（strIniFilename，strSection，strItem，objResult）	从配置文件（".ini"文件）中读取一个值	trIniFilename——配置文件的文件名；strSection——读取数据所在的节的名称；strItem——读取数据的项名；objResult——保存读到的数据
！FileIniWriteValue（strIniFilename，strSection，strItem，objResult）	向配置文件（".ini"文件）中写入一个值	trIniFilename——配置文件的文件名；strSection——读取数据所在的节的名称；strItem——读取数据的项名；objResult——保存读到的数据
！FileMove（strSource，strTarget）	将文件strSource移动并改名为strTarget	strTarget——目标文件路径；strSource——源文件名
！FileReadFields（strFilename，lPosition，任意个数变量）	从strFilename指定的文件中读出CSV（逗号分隔变量）记录	strFilename——文件名；lPosition——数据开始位置
！FileReadStr（strFilename，lPosition，lLength，objResult）	从strFilename指定文件（需为".dat"文件）中Iposition位置开始，读取Ilength个字节或一整行，并将结果保存到objResult字符型数据对象中	strFilename——文件名；lPosition——数据开始位置；lLength——要读取数据的字节数；objResult——存放结果的数据对象
！FileSplit（strSourceFile，strTargetFile，FileSize）	把一个文件切开为几个文件	strSourceFile——准备切开的文件名；strTargetFile——切开后的文件名；FileSize——切开的文件的最大值，单位是MB
！FileWriteFields（strFilename，lPosition，任意个数变量）	向strFilename指定的文件中写入CSV（逗号分隔变量）记录	strFilename——文件名；lPosition——数据开始位置
！FileWriteStr（strFilename，lPosition，str，Rn）	向指定文件strFilename中的Iposition位置开始，写入一个字符串或一整行	strFilename——文件名；lPosition——数据开始位置；str——要写入的字符串；Rn——是否换行；0表示不换行，1表示换行

附表 9 ODBC 数据库函数使用方法说明

函 数 名 称	功　能	参 数 说 明
!ODBCOpen(strDatabastName, strSQL, strName)	打开指定的数据库中的数据表，并为该数据库连接指定一个名字	strDatabastName——数据库名；strSQL——SQL 语句；strName——指定数据连接名
!ODBCSeekToPosition(strName, IPosition)	跳转到数据库的指定的行	strName——指定数据连接名；IPosition——指定跳转的行
!ODBCClose(strName)	关闭指定的数据连接	strName——数据连接名
!ODBCConnectionCloseAll()	关闭当前使用的所有的 ODBC 数据库	无
!ODBCConnectionCount()	获取当前使用的所有的 ODBC 数据库的个数	无
!ODBCConnectionGetName(ILD)	获取指定的 ODBC 数据库的名称	ILD——开关型
!ODBCDelete(strName)	删除由指定的数据库的当前行	strName——数据连接名
!ODBCEdit(strName)	在指定的 ODBC 数据中用当前连接的数据对象的值修改数据库当前行	strName——数据连接名
!ODBCExecute(strName, strSQL)	在打开的数据中，执行一条 SQL 语句	strName——数据连接名；strSQL——SQL 语句
!ODBCGetCurrentValue(strName)	获取数据库当前行的值	strName——数据连接名
!ODBCGetRowCount(strName)	获取 ODBC 数据库的行数	strName——数据连接名
!ODBCIsBOF(strName)	判断 ODBC 数据库的当前位置是否位于所有数据的最前面	strName——数据连接名
!ODBCIsEOF(strName)	判断 ODBC 数据库的当前位置是否位于所有数据的最后面	strName——数据连接名
!ODBCMoveFirst(strName)	移动到数据库的最前面	strName——数据连接名
!ODBCMoveLast(strName)	移动到数据库的最后面	strName——数据连接名
!ODBCMoveNext(strName)	移动到数据库的下一个记录	strName——数据连接名
!ODBCMovePrev(strName)	移动到数据的上一个记录	strName——数据连接名
!ODBCBind(strName, 任意个数变量)	把若干个数据对象绑定到 ODBC 数据库上	strName——数据连接名
!ODBCAddnew(strName)	在 ODBC 数据库中，用当前连接的数据对象的值添加一行	strName——数据连接名

附表 10　配方操作函数使用方法说明

函 数 名 称	功　能	参 数 说 明
!RecipeLoad(strFilename,strRecipeName)	装载配方文件	strFilename——配方文件名；strRecipeName——配方表名
!RecipeMoveFirst（strRecipeName）	移动到第一个配方记录	strRecipeName——配方表名
!RecipeMoveLast（strRecipeName）	移动到最后一个配方记录	strRecipeName——配方表名
!RecipeMoveNext（strRecipeName）	移动到下一个配方记录	strRecipeName——配方表名
!RecipeMovePrev（strRecipeName）	移动到前一个配方记录	strRecipeName——配方表名
!RecipeSave(strFilename, strRecipeName)	保存配方文件	strFilename——配方文件名；strRecipeName——配方表名
!RecipeSeekTo（strRecipeName, DataName, Str）	查找配方	strRecipeName——配方表名；DataName——数据对象名；Str——数据对象对应的值
!RecipeSeekToPosition(strRecipeName, rPosition)	跳转到配方表指定的记录	strRecipeName——配方表名；rPosition——指定跳转的记录行
!RecipeSort（strRecipeName, DataName, Num）	配方表排序	strRecipeName——配方表名；DataName——数据对象名；Num——排列类型，0或1
!RecipeClose（strRecipeName）	关闭配方表	strRecipeName——配方表名
!RecipeDelete（strRecipeName）	删除配方表当前配方	strRecipeName——配方表名
!RecipeEdit（strRecipeName）	用当前数据对象的值来修改配方表中的当前配方	strRecipeName——配方表名
!RecipeGetCount（strRecipeName）	获取配方表中配方的个数	strRecipeName——配方表名
!RecipeGetCurrentPosition(strRecipeName)	获取配方表 strRecipeName 中当前的位置	strRecipeName——配方表名
!RecipeGetCurrentValue（strRecipeName）	将配方表中的值装载到与其绑定的数据对象上	strRecipeName——配方表名
!RecipeInsertAt（strRecipeName）	将当前数据对象的值，添加到配方表所指定的记录行上	strRecipeName——配方表名
!RecipeBind（strRecipeName）	把若干个数据对象绑定到配方表上	strRecipeName——配方表名
!RecipeAddNew（strRecipeName）	在配方表中，用当前连接的数据对象的值添加一行	strRecipeName——配方表名

附表 11　时间运算函数使用方法说明

函 数 名 称	功　　能	参 数 说 明
!TimeStr2I（strTime）	将表示时间的字符串转换为时间值	strTime——时间字符串
!TimeI2Str（iTime，strFormat）	将时间值转换为字符串表示的时间	iTime——时间值；strFormat——转换后的时间字符串的格式
!TimeGetYear（iTime）	获取时间值 iTime 中的年份	iTime——时间值
!TimeGetMonth（iTime）	获取时间值 iTime 中的月份	iTime——时间值
!TimeGetSecond（iTime）	获取时间值 iTime 中的秒数	iTime——时间值
!TimeGetSpan（iTime1，iTime2）	计算两个时间 iTime1 和 iTime2 之差	iTime1，iTime2——时间值
!TimeGetDayOfWeek（iTime）	获取时间值 iTime 中的星期	iTime——时间值
!TimeGetHour（iTime）	获取时间值 iTime 中的小时	iTime——时间值
!TimeGetMinute（iTime）	获取时间值 iTime 中的分钟	iTime——时间值
!TimeGetDay（iTime）	获取时间值 iTime 中的日期	iTime——时间值
!TimeGetCurrentTime（iTime）	获取当前时间值	无
!TimeSpanGetDays（iTimeSpan）	获取时间差中的天数	iTimeSpan——时间差
!TimeSpanGetHours（iTimeSpan）	获取时间差中的小时数	iTimeSpan——时间差
!TimeSpanGetMinutes（iTimeSpan）	获取时间差中的分钟数	iTimeSpan——时间差
!TimeSpanGetSeconds（iTimeSpan）	获取时间差中的秒数	iTimeSpan——时间差
!TimeSpanGetTotalHours（iTimeSpan）	获取时间差中的小时总数	iTimeSpan——时间差
!TimeSpanGetTotalMinutes（iTimeSpan）	获取时间差中的分钟总数	iTimeSpan——时间差
!TimeSpanGetTotalSeconds（iTimeSpan）	获取时间差中的秒总数	iTimeSpan——时间差
!TimeAdd（iTime，iTimeSpan）	向时间中加入由 iTimeSpan 指定的秒数	iTime——初始时间值；iTimeSpan——要加的秒数

参 考 文 献

［1］曹辉. 组态软件技术及应用（第2版）［M］. 北京：电子工业出版社，2012.
［2］李红萍. 工控组态技术及应用——MCGS［M］. 西安：西安电子科技大学出版社，2013.
［3］张文明. 嵌入式组态控制技术［M］. 北京：中国铁道出版社，2011.
［4］李宁. 组态控制技术及应用［M］. 北京：清华大学出版社，2015.
［5］于玲. 工业组态监控软件及应用［M］. 北京：化学工业出版社，2012.
［6］吕景泉. 自动生产线安装与调试（第2版）［M］. 北京：中国铁道出版社，2010.
［7］袁秀英. 计算机监控系统的设计与调试：组态控制技术［M］. 北京：电子工业出版社，2010.
［8］王芹. 可编程控制器技术及应用［M］. 天津：天津大学出版社，2008.
［9］MCGS嵌入版组态说明书.
［10］MCGS通用版组态说明书.

项目一	任务单	1
项目一	工作单	3
项目一	考核评价	10
项目二	任务单	11
项目二	工作单	13
项目二	变电站供电运行监控考核评价	20
项目三	任务单	21
项目三	工作单	23
项目三	考核评价	32
项目四	任务单	33
项目四	工作单	35
项目五	任务单	42
项目五	工作单	44
项目五	考核评价	49
项目六	任务单	50
项目六	工作单	52

项目一 任务单

项目编号	1	项目名称	火电厂水泵运行监控

任务描述：

某火电厂水处理车间利用机械搅拌加速澄清池设备，将澄清水由集水槽引出，送至清水箱。本项目主要采用"启动"按钮与"停止"按钮监控水泵的运行情况，当水泵运行时指示灯亮；当按下"停止"按钮时，水泵停止工作，停止指示灯点亮，运行指示灯熄灭。

本项目要求学生完成水泵的运行控制及状态显示。

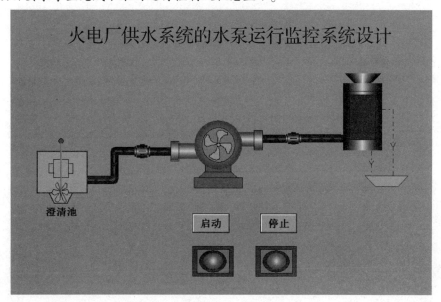

知识目标：

(1) 掌握 MCGS 组态工程的创建及保存方法；
(2) 了解数据库的数据类型及创建步骤；
(3) 掌握工作台菜单的功能；
(4) 熟练窗口的创建、绘图及编辑方法；
(5) 掌握绘图工具条的使用、绘图工具箱的功能；
(6) 熟练掌握图形对象的排列方法；
(7) 了解水泵结构、启停控制的工艺流程。

技能目标：

(1) 能够根据用户项目需求查阅相关资料，制定项目总体设计方案；
(2) 能够正确安装 MCGS 组态软件并熟练使用；
(3) 能够使用 MCGS 组态软件实现水泵的启停控制；

（4）能够实现水泵及流动管道的运行状态显示；
（5）能够使用文字标签对组态界面中的元件图形进行标注；
（6）能够创建需要的数据库变量，并与组态界面中的水泵及管道建立动画连接；
（7）能够下载工程，进入运行环境，调试水泵及管道的运行状态。

情感目标：
（1）培养理论联系实际的良好学习习惯；
（2）激发浓厚的学习兴趣，培养严谨的学习态度；
（3）培养良好的职业道德；
（4）培养团队合作能力与沟通能力。

项目一　工作单

项目编号	1	项目名称		火电厂水泵运行监控				
姓名		学号		班级		小组		日期

一、资讯

1. 技能方面

（1）能够查阅 MCGS 组态软件使用手册；

（2）能够独立安装 MCGS 组态软件及驱动程序；

（3）能够区分 MCGS 通用版与 MCGS 嵌入版。

2. 知识方面（参考书及知识链接内容）

1）MCGS 通用版的相关知识

引导性问题

（1）MCGS 的组成部分：主控窗口、＿＿＿＿、＿＿＿＿、＿＿＿＿和＿＿＿＿，用＿＿＿＿＿＿来管理这 5 部分。

（2）主控窗口是工程的主窗口或主框架，它确定了工业控制中工程作业的总体轮廓、运行流程、＿＿＿＿、特性参数和启动命令等。主要的组态操作包括：定义工程的名称、＿＿＿＿、设计封面图形、确定自动启动的窗口、＿＿＿＿、指定数据库存盘文件名称及存盘时间等。

（3）设备窗口是＿＿＿＿外部设备的工作环境。

（4）用户窗口主要用于设置工程中＿＿＿＿的界面，如生成各种动画显示画面、＿＿＿＿、数据与曲线图表等，由＿＿＿＿定义。在组态工程中可以定义多个用户窗口，但最多不超过 512 个。

（5）实时数据库是工程各个部分的＿＿＿＿＿＿＿＿，它将 MCGS 工程的各个部分连接成有机的整体，是 MCGS 系统的＿＿＿＿。

（6）运行策略是指用户为实现＿＿＿＿＿＿＿＿所组态而成的一些列功能模块的总称，主要用于完成工程运行流程的控制，包括编写控制程序（IF…THEN 脚本程序），选用各种功能构件，如数据提取、定时器、配方操作、多媒体输出等。

（7）MCGS 系统分为＿＿＿＿环境和＿＿＿＿环境两个部分。程序"McgsSet.exe"对应于 MCGS 系统的组态环境，程序"McgsRun.exe"对应于 MCGS 系统的运行环境。

2）MCGS 嵌入版的相关知识

引导性问题

（1）MCGS 嵌入版包括＿＿＿＿环境和＿＿＿＿环境。它的组态环境能够在基于 Microsoft

的各种32位Windows平台上运行，_____则是在实时多任务嵌入式操作系统WindowsCE中运行。

（2）"MCGSSetE.exe"是运行嵌入版组态环境的应用程序；"CEEMU.exe"是运行模拟运行环境的应用程序；"Samples"文件夹中是_____工程，用户自己组态的工程将缺省保存在_____中。

（3）MCGS嵌入版与通用版的区别是什么？

（4）保证已经下载到触摸屏中的程序能够上传到PC，应如何设置？

（5）设置上位机与下位机的连接方式包括两个选项：

①TCP/IP网络：通过TCP/IP网络连接。选择此项时，下方显示目标机名输入框，用于指定下位机的_____。

②USB通信：通过USB连接线连接PC/TPC。USB通信方式仅适用于具有_____的TPC，否则只能使用TCP/IP网络方式。

3. 组态界面操作的相关知识

引导性问题

（1）数据对象也称为数据变量，分为_____、_____、_____、事件型、组对象和内部数据对象6种类型。其中，开关型、数值型、字符型、事件型、组对象是由用户定义的数据对象，_____则是由MCGS内部定义的。

（2）标签构件的动画连接中颜色动画连接包含：_____颜色、_____颜色、_____颜色。

（3）位置动画连接包含：水平移动、_____、_____。

（4）在进行用户窗口的设计时，常常会根据需要对特定的图形或多个图形通过组合、分解或必要的排列、旋转等操作形成生动的动画效果，MCGS组态环境中专门设计了一个辅助图形对象编辑的_____，在进行用户窗口设计时可以在"查看"下拉菜单中找到，也可以在_____下拉菜单中找到所有与其对应的图形排列方法。

二、计划

每 3 人一组,每组选出一名负责人,负责人对小组任务进行分配。组员按负责人的要求完成相关任务,并将分配结果填入表 1 中。

表 1 任务计划表

序号	任务概述	承担成员	备注

三、决策

根据任务内容制定实施方案,在规定时间内完成工作,并填入表 2 中。

表 2 任务实施方案

步骤	工作内容	计划时间	实际时间	完成情况
1	工程创建并保存			
2	数据库变量创建			
3	用户窗口静态界面设计			
4	用户窗口构件动画连接及调试			
5	窗口优化及动画效果优化			
6	控制要求优化及整体调试			
7	资料整理			
8	作品展示及评价			

四、实施

1. 工程框架分析

(1) 需要一个用户窗口及实时数据库。
(2) 需要一个循环策略。
(3) 在循环策略中使用脚本程序构件。

2. 界面设计分析

用户窗口	图形中的元件	实现方法
火电厂水泵运行监控	水泵	由对象元件库引入
	水箱	由对象元件库引入
	文字	标签构件
	按钮	由工具箱添加
	指示灯	由对象元件库引入
	澄清池	由工具箱添加

3. 实施计划并完成对应的内容

1) 工程建立

存盘信息为：___D：_____。

注意事项：工程文件名及保存路径中不能出现空格，否则无法运行（不能存在桌面上）。

2) 创建数据库对象

数据对象名称	类型	注释

数据对象创建步骤如下：

工作台→实时数据库→新增对象→对象属性→更改数据对象名称→更改数据类型→填写"对象内容注释"→确认

3) 新建窗口
（1）设置窗口基本属性：
①窗口名称：_____；②窗口标题：_____；
③窗口背景颜色：_____；④窗口位置：_____；
⑤窗口边界：_____。
（2）设置窗口为启动窗口方法：
_____

4) 监控界面设计
（1）标题的设计——文字标签的编辑：
①拖入文字标签 **A**，命名为"水泵控制"。
②编辑标题：填充颜色为：无填充颜色；
　　　　　　字符颜色：黑色；
　　　　　　边线颜色：无边线颜色；
　　　　　　边线线型：细实线；
　　　　　　字体：楷体；
　　　　　　字号为：三号。
③修改标题文字为："火电厂水泵运行监控"。
（2）水泵构件的设计：
打开工具箱中的"对象元件管理库"，拖出"泵30"，调整位置和大小。
（3）启停按钮的设计：
拖出2个"标准按钮"，分别命名为"启动"和"停止"，修改其基本属性如下：
①按钮标题：_____；②标题颜色：_____；
③标题字体：_____；④对齐方式：_____。
（4）启停状态指示灯的设计
①打开工具箱中的"对象元件管理库"，拖出"灯30"，调整位置和大小。
②复制一个同样的指示灯，选中两个灯，单击鼠标右键，选择"排列"→"对齐"→"图元等高宽"选项。
（5）流动管道的设计：
从工具条中拖出"流动块"图标，编辑其基本属性如下：
①管道外观：_____；②流动块颜色：_____；
③管道宽度：_____；④流动块长度：_____；
⑤填充颜色：_____；⑥流动块宽度：_____；
⑦边线颜色：_____；⑧流动块间隔：_____；
⑨流动方向：_____；⑩流动速度：_____。
（6）澄清池的设计：
①打开"常用符号"工具条，手工绘制澄清池形状；
②选中全部图符，构成图符；

③将工具箱中的"保存元件"作为新图符保存到"对象元件库"中；
④选择分类，重新命名为"澄清池"。
5）动画效果设计
（1）按钮动画连接：
①"启动"按钮的操作属性设置：
数据对象值操作：_____，数据对象：_____。
②"停止"按钮的操作属性设置：
数据对象值操作：_____，数据对象：_____。
（2）指示灯动画连接：
①启动指示灯的数据对象连接（可见度）：_____；
②停止指示灯的数据对象连接（可见度）：_____。
（3）水泵的动画连接：
启动时，水泵显示绿色，停止时水泵显示红色。
①在"单元属性设置"对话框中，单击"动画连接"选项卡中"填充颜色"后面的">"扩展按钮，进入填充颜色分段连接设置。
②分段点 0 设置颜色：_____；
  分段点 1 设置颜色：_____。
（4）储水罐液位动态显示设计：
编辑脚本程序实现水灌液位的变化，如下：

```
IF 启动 = 1 THEN
    水泵 = 1
ENDIF
IF 停止 = 1 THEN
    水泵 = 0
    水位 = 0
ENDIF
IF 水泵 = 1 AND 水位 < 100 THEN
    水位 = 水位 + 1
ELSE
    水位 = 0
ENDIF
```

4. 拓展思维训练

若使水泵叶片动态旋转显示，该如何设置呢？

分析：（1）利用叶片的可见度实现，每显示一组叶片设置一个表达式，分别为 X = 1，X = 2，X = 3……

（2）还需设置一组叶片是停止状态时显示的，表达式为：X = 0。

(3) 利用脚本程序实现：

```
IF X > = 0 AND X < 3 THEN
    X = X + 1
ELSE
    X = 1
ENDIF
```

五、成果展示与考核

形式：PPT 答辩，工程演示。

六、总结

对技术资料、知识点等进行归纳总结。

项目一 考核评价

项目名称	火电厂水泵运行监控			
评分内容	评分标准	分值	自评得分	师评得分
方案设计	项目任务解读正确； 小组讨论制定系统控制方案。	15		
软件组态	正确安装 MCGS 组态软件及驱动程序。	5		
	创建工程，并按照要求保存在特定目录下。	5		
	界面设计符合设计要求、整齐美观。	10		
	数据对象定义正确，建立完整的实时数据库。	5		
	能正确实现按钮、指示灯、水泵的动画连接。	15		
	能够绘制并在对象元件库中生成澄清池图符元件。	10		
	编写脚本语言程序实现叶片旋转显示。	15		
系统调试	能够对控制系统正确调试，系统运行准确可靠。	10		
职业素养	规整现场，爱护教具； 讲文明懂礼貌，小组沟通协作好。	10		
教师签名：	日期：	总分		

项目二 任务单

项目编号	2	项目名称	变电站供电系统运行监控

任务描述：

设计 10 kV 供电系统的模拟监控，要求在计算机中显示供电系统的工作状态。要求能够查阅供电监控系统相关资料；根据控制要求制定控制方案，利用 MCGS 组态软件进行监控画面的制作和程序编写、调试，实现供电系统的模拟自动监控。控制要求如下：

(1) 初始状态：

①两套电源均正常运行，状态检测信号 G1、G2 都为 "1"。

②供电控制开关 QF1、QF2、QF4、QF5、QF7 都为 "1"，处于合闸状态；QF3、QF6 都为 "0"，处于断开状态。

③变压器故障信号 T1、T2 和供电线路短路信号 K1、K2 都为 "0"。

(2) 控制要求：

①在正常情况下，系统保持初始状态，两套电源分列运行。

②若电源 G1、G2 有 1 个掉电 (=0)，则 QF1 或 QF2 跳闸，QF3 闭合。

③若变压器 T1、T2 有 1 个故障 (=1)，则 QF1 和 QF4 跳闸或 QF2 和 QF5 跳闸，QF6 闭合。

④若 K1 短路 (=1)，QF7 立即跳闸（速断保护）；若 K2 短路 (=1)，QF7 经 2s 延时跳闸（过流保护）。

⑤若 G1、G2 同时掉电或 T1、T2 同时故障，QF1～QF7 全部跳闸。

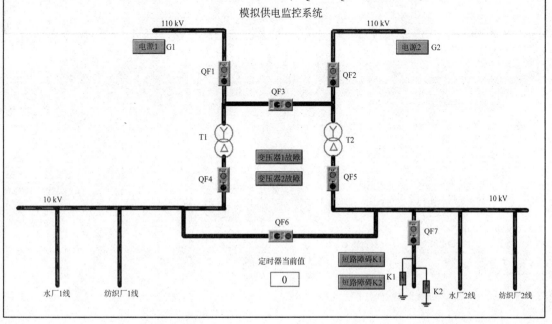

模拟供电监控系统

知识目标：

(1) 了解供电系统保护知识、合闸顺序；
(2) 了解变压器及并网的相关知识；
(3) 了解母线接地、过流、过压保护的知识；
(4) 掌握定时器构件的编辑、操作设置及变量连接的知识；
(5) 熟练掌握流动块的组态方法；
(6) 熟练掌握开关、按钮的组态方法；
(7) 了解策略的概念及分类；
(8) 掌握运行策略的组态，并熟练掌握脚本程序的编译及调试方法。

技能目标：

(1) 能够根据用户项目需求查阅相关资料，制定项目总体设计方案；
(2) 能够熟练使用 MCGS 组态软件的菜单功能；
(3) 能够使用实现开关、断路器、按钮等的通断控制及状态显示；
(4) 能够实现线路中电流的运行状态显示；
(5) 能够实现过流速断和延时跳闸保护；
(6) 能够编程实现供电的逻辑控制；
(7) 能够进入运行环境调试系统的运行状态。

情感目标：

(1) 培养理论联系实际的良好学习习惯；
(2) 激发浓厚的学习兴趣，培养严谨的学习态度；
(3) 培养良好的职业道德；
(4) 培养团队合作能力与沟通能力。

项目二　工作单

项目编号	2	项目名称		变电站供电系统运行监控			
姓名		学号		班级	小组		日期

一、资讯

1. 技能方面

（1）查阅变电站控制规程；

（2）熟悉变电站的投入与备用及控制流程。

2. 知识方面（参考书及知识链接内容）

（1）运行策略是用户为实现系统流程的_____，组态生成的一系列功能块的总称。在 MCGS 中，策略类型共有 7 种，即启动策略、_____、_____、报警策略、_____、事件策略、热键策略。

（2）循环策略由系统按照设定的_____自动循环调用，循环体内所需执行的操作和任务由用户设置。在一个应用系统中，用户可以定义_____个循环策略，一个系统中至少应该有一个循环策略。

（3）当对应的数据对象的某种报警状态产生时，_____被系统自动调用一次。

（4）在脚本程序编辑窗口中，窗口的左侧可以编写相应的_____，窗口的下方还提供了剪切、复制、粘贴等编辑功能；窗口的右侧是 MCGS 操作对象和_____。

（5）MCGS 中脚本程序只有 4 种基本的语句，即_____、_____、退出语句和注释语句，通过这 4 种简单的语句进行编程，可以实现许多复杂的控制流程。

（6）MCGS 共提供了 11 种系统函数：运行环境操作函数、_____函数、用户登录操作函数、字符串操作函数、_____函数、系统操作函数、数学函数、_____函数、ODBC 数据库函数、配方操作函数和时间函数。

二、计划

每 3 人一组，每组选出一名负责人，负责人对小组任务进行分配。组员按负责人的要求完成相关任务，并将分配结果填入表 1 中。

表 1　任务计划

序号	任务概述	承担成员	备注

三、决策

根据任务内容制定实施方案,在规定时间内完成工作,并填入表 2 中。

表 2　任务实施方案

步骤	工作内容	计划时间	实际时间	完成情况
1	工程创建并保存			
2	数据库变量创建			
3	用户窗口静态界面设计			
4	用户窗口构件动画连接及调试			
5	窗口优化设计及动画效果优化			
6	控制要求优化及整体调试			
7	资料整理			
8	作品展示及评价			

四、实施

1. 项目分析

(1) 工程框架:1 个用户窗口;2 个循环策略:脚本程序构件和定时器构件。

(2) 数据对象:电源模拟开关 G1、G2;断路器 QF1~QF7;短路故障 K1、K2;变压器 T1、T2。

(3) 图形制作。参见任务单。

(4) 流程控制:通过循环策略中的脚本程序和定时器策略块实现。

2. 实施计划并完成对应的内容

1) 工程建立

存盘信息为:　D:\ 　　　　　　　　　　　　　　　　　　。

注意事项:工程文件名及保存路径中不能出现空格,否则无法运行(不能存在桌面上)。

2）创建数据库对象

序号	数据对象名称	类型	初值	注释

数据对象创建步骤如下：

工作台→实时数据库→新增对象→对象属性→更改数据对象名称→更改数据类型→填写"对象内容注释"→确认

3）新建窗口

（1）设置窗口基本属性：

①窗口名称：_____；②窗口标题：_____；
③窗口背景颜色：_____；④窗口位置：_____；
⑤窗口边界：_____。

（2）设置窗口为启动窗口的方法：_____

_____

4）监控界面设计

（1）标题的设计——文字标签的编辑：

①拖入文字标签 **A**，命名为"模拟供电系统监控"。

②编辑标题：填充颜色为：无填充颜色；
　　　　　　字符颜色：暗红色；
　　　　　　边线颜色：无边线颜色；
　　　　　　边线线型：细实线；
　　　　　　字　　体：宋体；
　　　　　　字　　号：二号。
（2）供电线路的设计：
拖出工具条中的"流动块"，设置其基本属性如下：
①管道外观：3D；　　②管道宽度：7；
③填充颜色：蓝色；　④边线颜色：黑色；
⑤流动块颜色：绿色；⑥流动块长度：6；
⑦流动块宽度：3；　　⑧流动块间隔：4；
⑨流动块方向：从左（上）到右（下）；
⑩流动速度：快。
注意：流动方向与绘制管道的方向共同设置。
（3）断路器开关的设计（对象元件库）。
（4）变压器的设计（对象元件库）。
（5）短路故障的设计（利用图符编辑）。
（6）故障设置按钮的设计。
5）动画效果设计
（1）按钮动画连接：
①变压器1故障按钮的操作属性设置：
数据对象值操作：＿＿＿＿＿＿，数据对象：＿＿＿＿＿＿。
②短路故障1按钮的操作属性设置：
数据对象值操作：＿＿＿＿＿＿，数据对象：＿＿＿＿＿＿。
③电源1按钮的操作属性设置：
数据对象值操作：＿＿＿＿＿＿，数据对象：＿＿＿＿＿＿。
（2）断路器开关的动画连接，QF1断路器数据对象：＿＿＿＿＿＿。
（3）供电线路的动画连接（提示：线路受哪个短路器的控制，动画连接就连到对应开关的数据对象）。
（4）变压器的动画连接：
变压器1颜色的数据对象：＿＿＿＿＿＿。
（5）短路故障的动画连接：
K2线条颜色的数据对象：＿＿＿＿＿＿。
6）策略组态
策略中循环时间设置为：＿＿＿＿＿＿ms。

（1）定时器构件：

增加策略行，拖入定时器构件，基本属性设置如下：

①设定值：_____；　②计时条件：_____；

③复位条件：_____；　④计时状态：_____。

（2）脚本程序构件：

编译供电系统的逻辑控制程序，分以下几部分实现：

①2个电源都不正常或2个变压器都故障，脚本程序如下：

```
IF ( G1 = 0 AND G2 = 0 ) OR ( T1 = 1 AND T2 = 1 ) THEN
QF1 = 0
QF2 = 0
QF3 = 0
QF4 = 0
QF5 = 0
QF6 = 0
QF7 = 0
ENDIF
```

②2个电源都正常，2个变压器正常，无故障，脚本程序如下：

③2个电源都正常，变压器T2故障，脚本程序如下：

④2个电源都正常，变压器T1故障，脚本程序如下：

⑤电源 G2 不正常,变压器 T2 故障,脚本程序如下:

⑥电源 G2 不正常,变压器 T1 故障,脚本程序如下:

⑦电源 G2 不正常,2 个变压器均正常,脚本程序如下:

⑧电源 G1 不正常,变压器 T2 故障,脚本程序如下:

⑨电源 G1 不正常,变压器 T1 故障,脚本程序如下:

⑩电源 G1 不正常,2 个变压器均正常,脚本程序如下:

⑪短路故障,脚本程序如下:

五、成果展示与考核

形式:PPT答辩,工程演示。

六、总结

对技术资料、知识点等进行归纳总结。

项目二　变电站供电运行监控考核评价

项目名称			自评得分	师评得分
评分内容	评分标准	分值		
方案设计	项目任务解读正确； 小组讨论制定系统控制方案。	5		
软件组态	创建工程，并按照要求保存在特定目录下。	5		
	界面设计符合设计要求、整齐美观。	10		
	数据对象定义正确，建立完整的实时数据库。	10		
	能正确实现开关、变压器、断路器的动画连接。	10		
	能够实现线路通断状态指示及受控数据对象连接。	10		
	能够绘制短路故障器，并正确显示其故障状态。	5		
	运用策略中的脚本语言实现系统的逻辑控制。	15		
	能够调用定时器构件，并正确实现定时功能。	10		
系统调试	能够对控制系统正确调试，系统运行准确可靠。	10		
职业素养	规整现场、爱护教具； 讲文明懂礼貌、小组沟通协作好。	10		
教师签名：	日期：	总分		

项目三 任务单

| 项目编号 | 3 | 项目名称 | 啤酒厂机械手运行监控 |

任务描述：

机械手与人类的手臂的最大区别在于灵活度与耐力，机械手的应用越来越广泛。机械手是近几十年发展起来的一种高科技自动生产设备，可以完成精确的作业。本项目中的机械手的具体控制要求如下：

（1）系统设置完物料的总块数，按"启动"按钮后，机械手下移 5 s→夹紧 2 s→上升 5 s→右移 10 s→下移 5 s→放松 2 s→上移 5 s→左移 10 s，最后回到原始位置，自动循环。

（2）按"停止"按钮，机械手停在当前位置，再次按"停止"按钮，机械手继续运行。

（3）按"复位"按钮后，机械手回到原始位置停止。

（4）搬运完所有的物料后自动回到原始位置停止，同时显示搬运过程中已搬运的物料块数。

机械手控制系统

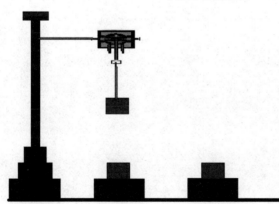
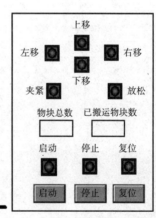

知识目标：

（1）了解机械手的功能及发展趋势；

（2）掌握机械手界面的设计及数据库变量的创建技巧；

（3）熟练图符的构成、分解、排列功能；

（4）掌握定时器的功能及使用技巧；

（5）熟练掌握计数器的功能及使用技巧；

（6）熟练掌握指示灯、按钮、标签构件的编辑及组态。

（7）掌握移动动画的组态方法；
（8）熟练掌握运行策略的编译及工程调试方法。

技能目标：

（1）能够根据用户项目需求查阅相关资料，制定项目总体设计方案；
（2）能够熟练使用 MCGS 组态软件创建工程、窗口并进行运行界面设计；
（3）能够实现机械手和物块的移动显示；
（4）能够实现上升、下降、左移、右移、夹紧、放松、启动、停止、复位等状态显示；
（5）能够设置物块总数和已搬运物块的数量显示；
（6）能够按照控制要求的逻辑实现控制；
（7）能够进入运行环境调试系统的运行状态。

情感目标：

（1）培养理论联系实际的良好学习习惯；
（2）激发浓厚的学习兴趣，培养严谨的学习态度；
（3）培养良好的职业道德；
（4）培养团队合作能力与沟通能力。

项目三 工作单

项目编号	3	项目名称		啤酒厂机械手运行监控		
姓名		学号		班级	小组	日期

一、资讯

1. 技能方面

(1) 查阅机械手的应用范围及发展趋势；

(2) 查阅涉及机械手控制的相关硬件设备。

2. 知识方面（参考书及知识链接内容）

(1) 定时器构件以_____作为条件，当到达设定的时间时，构件的条件成立一次，否则不成立。定时器构件通常用于_____的策略行中，作为循环执行功能构件的定时启动条件。

(2) 当前值：当定时器的当前值_____等于设定值时，本构件的条件一直满足。定时器的时间单位为_____，但可以设置成小数，以处理 ms 级的时间。如设定值没有建立连接或把设定值设为_____，则构件的条件永远不成立。

(3) 计时状态：通常和_____型数据对象建立连接，把计时器的计时状态赋给数据对象。当前值_____设定值时，计时状态为 0，当前值_____等于设定值时，计时状态为 1。

(4) 计时条件：计时条件对应一个表达式，当表达式的值为_____时，定时器进行计时，为_____时停止计时。如没有建立连接则认为时间条件永远成立。

(5) 复位条件：复位条件对应一个表达式，当表达式的值为_____时，对定时器进行复位，使其从 0 开始重新计时，当表达式的值为 0 时，定时器一直累计计时，到达最大值 65 535 后，定时器的当前值_____，直到复位条件成立。如复位条件没有建立连接则认为定时器计时到设定值、构件条件满足一次后，自动复位重新开始计时。

(6) 计数对象名是指计数器作用的数据对象。这一数据对象可以是_____、_____或事件型。

(7) 计数器的计数条件有 6 种：数值型数据对象_____、事件型数据对象报警产生、开关型数据对象_____（即在上升沿，当前值加 1 计数一次）、开关型数据对象负跳变（即在下降沿，当前值加 1 计数一次）、开关型数据对象_____（即先上升沿，再下降沿时）、开关型数据对象负正跳变（即先下降沿，再上升沿时）。

二、计划

每 3 人一组,每组选出一名负责人,负责人对小组任务进行分配。组员按负责人的要求完成相关任务,并将分配结果填入表 1 中。

表 1 任务计划

序号	任务概述	承担成员	备注

三、决策

根据任务内容制定实施方案,在规定时间内完成工作,并填入表 2 中。

表 2 任务实施方案

步骤	工作内容	计划时间	实际时间	完成情况
1	工程创建并保存			
2	数据库变量创建			
3	用户窗口静态界面设计			
4	用户窗口构件动画连接及调试			
5	窗口优化设计及动画效果优化			
6	控制要求优化及整体调试			
7	资料整理			
8	作品展示及评价			

四、实施

1. 工程框架分析

（1）需要一个用户窗口及实时数据库。
（2）需要一个循环策略。
（3）循环策略中使用定时器构件、计数器构件及脚本程序构件。

2. 界面设计分析

用户窗口	图形中的元件	实现方法
机械手控制系统	文字	标签构件
	按钮	由工具箱添加
	指示灯	由对象元件库引入
	矩形	由工具箱添加
	机械手	由对象元件库引入

3. 实施计划并完成对应的内容

1）工程建立

存盘信息为：　D：_____。

注意事项：工程文件名及保存路径中不能出现空格，否则无法运行（不能存在桌面上）。

2）创建数据库对象

序号	数据对象名称	类型	序号	数据对象名称	类型

数据对象创建步骤如下：
工作台→实时数据库→新增对象→对象属性→更改数据对象名称→更改数据类型→填写"对象内容注释"→确认

3）新建窗口

设置窗口基本属性，并设为启动窗口。

(1) 窗口名称：_____；(2) 窗口标题：_____；
(3) 窗口背景颜色：_____；(4) 窗口位置：_____；
(5) 窗口边界：_____。

4）设计标题样式，并实现标题循环移动的效果，循环周期为 14 s

步骤：(1) 设计标题字体的颜色、大小、闪烁效果、起始位置。

(2) 建立的变量名为：_____。

(3) 确定标题移动的距离。

从屏幕左端到屏幕右端的移动距离为：_____（屏幕分辨率）。

(4) 设定循环脚本的扫描周期：_____s。

(5) 利用公式：循环次数 = 循环时间/扫描周期。

计算循环次数为：_____次。

(6) 给标题连接变量，并设置"水平移动"标签页的参数值如下：

表达式：_____；

最小移动偏移量：_____；

表达式的值：_____；

最大移动偏移量：_____；

表达式的值：_____。

(7) 编写循环脚本程序：

IF _____ THEN

_____

ELSE

_____

ENDIF

实现的效果及存在的问题：＿＿＿＿＿＿＿＿＿＿＿＿＿＿＿＿＿＿＿＿＿＿＿＿＿

＿＿＿＿＿＿＿＿＿＿＿＿＿＿＿＿＿＿＿＿＿＿＿＿＿＿＿＿＿＿＿＿＿＿＿＿＿

5）设置"启动""停止""复位"按钮，控制机械手运行的时间

步骤：（1）创建两个按钮，分别命名为"启动停止""复位停止"。

（2）建立对应的数据库变量，变量名分别为：＿＿＿＿＿＿、＿＿＿＿＿＿。

（3）连接变量到按钮的"操作属性"上，将数据对象值操作设置为：＿＿＿＿＿。

（填：按1松0、按0松1、取反、置1、清0）。

（4）在运行策略→循环策略中新增一个策略行，创建定时器构件，基本属性为：

设定值：＿＿＿＿＿＿＿＿＿＿＿＿＿＿（填写数值或创建的数据库变量名）

当前值：＿＿＿＿＿＿＿＿＿＿＿＿＿＿

计时条件：＿＿＿＿＿＿＿＿＿＿＿＿＿

复位条件：＿＿＿＿＿＿＿＿＿＿＿＿＿

计时状态：＿＿＿＿＿＿＿＿＿＿＿＿＿

（5）编写脚本程序实现要求："启动停止"按钮按下，"复位停止"按钮松开时，定时器工作。

IF ＿＿＿＿＿＿＿＿＿＿＿＿＿＿＿＿＿＿＿＿＿＿＿＿ THEN

＿＿＿＿＿＿＿＿＿＿＿＿＿＿＿＿＿＿＿＿＿＿＿＿＿＿＿

＿＿＿＿＿＿＿＿＿＿＿＿＿＿＿＿＿＿＿＿＿＿＿＿＿＿＿

ENDIF

（6）编写脚本程序实现要求：只要"启动停止"按钮松开，立刻停止定时器工作。

IF ＿＿＿＿＿＿＿＿＿＿＿＿＿＿＿＿＿＿＿＿＿＿＿＿ THEN

＿＿＿＿＿＿＿＿＿＿＿＿＿＿＿＿＿＿＿＿＿＿＿＿＿＿＿

ENDIF

(7) 编写脚本程序实现要求：如果"复位停止"按钮按下，只有当定时器当前值 >= 44 s（即回到初始位置）时，才停止定时器工作。

IF _____ THEN
_____
ENDIF

实现的效果及存在的问题：
_____

6）设计并实现机械手下移和上移的动作

(1) 创建机械手图形及机械手下面的滑杆。

(2) 建立变量，能够实现机械手下移，变量名为：_____，数据类型为：_____。

(3) 确定下移的距离（可估算）。从上工件底端到下工件底端画一条直线，从状态条中的指示可知距离为：_____（像素）。

(4) 设定循环脚本的扫描周期：_____ s。

(5) 利用公式：循环次数 = 垂直移动时间/扫描周期。计算循环次数为：_____ 次。

(6) 在"机械手"图元的"基本属性"选项卡中勾选"垂直移动"复选框，在新增加的"垂直移动"选项卡中连接刚刚创建的变量_____，并设置"垂直移动"选项卡的参数值如下：

最小移动偏移量：_____， 表达式的值：_____。
最大移动偏移量：_____， 表达式的值：_____。

（7）同上方法。在"机械手滑杆"图元的"基本属性"选项卡中勾选"大小变化"复选框，测量出滑杆伸缩之前的长度 L1，测量出滑杆伸缩之后的长度 L2，则最小变化百分比为 100%，最大变化百分比为（L2/L1）×100%。在新增加的"大小变化"选项卡中连接刚刚创建的变量＿＿＿＿＿＿＿，并设置"大小变化"选项卡如下：

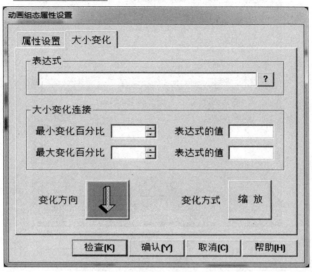

最小变化百分比：＿＿＿＿＿＿，表达式的值：＿＿＿＿＿＿。
最大变化百分比：＿＿＿＿＿＿，表达式的值：＿＿＿＿＿＿。

（8）创建两个按钮，分别命名为"下移"和"上移"，并建立变量"下移信号"和"上移信号"，分别与两个按钮连接。

（9）编写循环策略脚本程序：
IF　下移信号 = 1　THEN

ENDIF
IF　上移信号 = 1　THEN

ENDIF
实现的效果及存在的问题：＿＿＿＿＿＿＿＿＿＿＿＿＿＿＿＿＿＿＿＿＿
＿＿＿＿＿＿＿＿

7）设计并实现机械手左移和右移的动作，并完成机械手的连续循环动作
步骤：（1）在已创建的"机械手"图元及"机械手滑杆"图元的"基本属性"选项卡中，分别勾选"水平移动"复选框。
（2）建立变量，能够实现机械手下移，变量名为：＿＿＿＿＿＿，数据类型为：＿＿＿＿＿＿。
（3）确定水平移动的距离（可估算）。从左起点到右终点画一条直线，在状态条中的指示可知距离为：＿＿＿＿＿＿（像素）。
（4）设定循环脚本的扫描周期：＿＿＿＿＿＿ s（同垂直移动）。

(5) 利用公式：循环次数＝水平移动时间/扫描周期。计算循环次数为：_____次。
(6) 在"机械手滑杆"图元的"水平移动"选项卡中，连接变量_____，并设置"水平移动"选项卡的参数值如下：

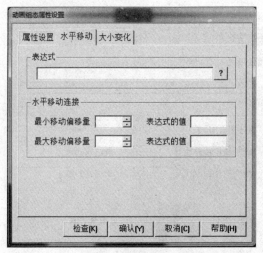

最小移动偏移量：_____。　　表达式的值：_____
最大移动偏移量：_____，　　表达式的值：_____。

(7) 同上方法。在"机械手"图元的"大小变化"选项卡中连接刚刚创建的变量_____，并设置选项卡如下：

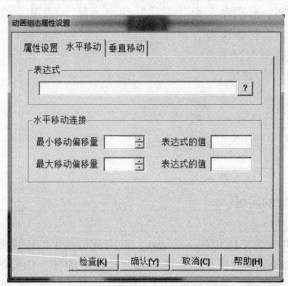

最小移动偏移量：_____，　　表达式的值：_____。
最大移动偏移量：_____，　　表达式的值：_____。

(8) 创建两个按钮，分别命名为"左移"和"右移"，并建立变量"左移信号"和"右移信号"，分别与两个按钮连接。

(9）编写循环策略脚本程序：
IF　左移信号 = 1　　THEN

_____

ENDIF
IF　右移信号 = 1　　THEN

_____

ENDIF
实现的效果及存在的问题：_____

_____

8）实现工件移动的动画效果，完成机械手的全部动作效果及动作指示灯的显示

提示：用3个工件来实现，设置它们的可见度。1个工件始终和机械手一起运动，另外两个工件分别在A和B两个位置。

步骤：（1）绘制3个一模一样的工件（画一个矩形块，编辑好后，复制两个）。
（2）分别勾选3个工件的"可见度"选项卡。
随机械手移动的工件是在_____条件下，图符可见。
A处工件在_____条件下，图符可见；在其他情况下不可见。
B处工件在_____条件下，图符可见，在其他情况下不可见。
（3）与机械手一起运动的工件，在"基本属性"选项卡中勾选"水平移动"和"垂直移动"复选框，并设置"水平移动"和"垂直移动"选项卡与"机械手"图元一样。
（4）创建两个按钮，分别命名为"夹紧"和"放松"，创建两个数据库变量分别为"夹紧信号"和"放松信号"，与两个按钮连接。
（5）创建指示灯指示机械手的所有动作效果及启停状态，并连接变量。
（6）完成需要的所有脚本程序并完善组态界面。
实现的效果及存在的问题：_____

_____

9）编写完整的脚本程序实现机械手控制功能（另附页）

五、成果展示与考核

形式：PPT答辩，工程演示。

六、总结

对技术资料、知识点等进行归纳总结。

项目三 考核评价

项目名称	啤酒厂机械手运行监控			
评分内容	评分标准	分值	自评得分	师评得分
方案设计	项目任务解读正确； 小组讨论制定系统控制方案。	5		
软件组态	创建工程，并按照要求保存。	5		
	界面设计符合设计要求、整齐美观。	10		
	数据对象定义正确，建立完整的实时数据库。	10		
	能正确实现按钮、指示灯的动画连接。	10		
	实现物块总数和已搬运物块数。	10		
	实现物块的隐藏与显示，可见度数据对象连接正确。	5		
	运用策略中脚本语言实现标题和物块的移动状态。	15		
	能够调用定时器构件，并正确实现定时功能。	10		
系统调试	能够对控制系统正确调试，系统运行准确可靠。	10		
职业素养	规整现场，爱护教具； 讲文明懂礼貌，小组沟通协作好。	10		
教师签名：	日期：	总分		

项目四　任务单

项目编号	4	项目名称	模拟水位控制工程监控系统

任务描述：

水位控制工程由 2 个水罐、1 个水泵、1 个调节阀、1 个出水阀及部分管路组成，要求实现以下功能：

(1) 当水罐 1 的水位小于 9 时，水泵开启，否则水泵关闭；
(2) 当水罐 2 的水位小于 1 时，出水阀关闭，否则出水阀开启；
(3) 当水罐 1 的水位大于 1，水罐 2 的水位小于 6 时，调节阀开启；
(4) 水罐水位在组态界面实时监控；
(5) 能够实现水泵、调节阀、出水阀及管道运行状态监控；
(6) 实现水罐水位的高低限报警输出及打印，其中高低限报警值可从组态界面上设置，同时有指示灯动画显示；
(7) 能够监控水罐水位的实时曲线及历史变化趋势；
(8) 能够监控水位实时数据，并能够打印历史数据；
(9) 设置管理员权限和操作员权限：管理员具有所有权限，操作员只具有操作水泵的权限。

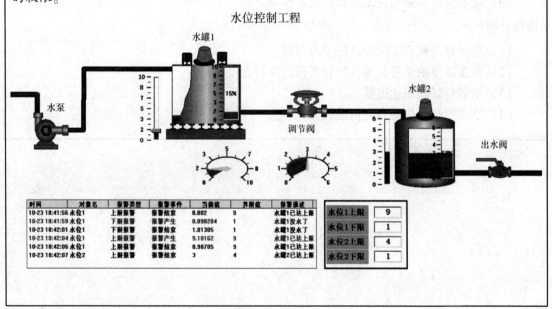

知识目标：
(1) 了解水位控制工程的工艺流程；
(2) 掌握水位监控系统的画面设计及动画连接方法；
(3) 掌握组态与模拟设备连接方法及通信参数的设置；
(4) 掌握组态与模拟设备连接后数据库变量的信号源设置；
(5) 熟练掌握组态界面液位报警显示及输出的功能；
(6) 掌握历史曲线与实时曲线的定义及组态方法；
(7) 掌握水位逻辑控制的脚本程序中函数的编译及调试技巧；
(8) 熟练掌握实时数据显示及历史数据查询、报表打印的功能；
(9) 掌握管理员与操作员权限的设置及登录、退出的功能。

技能目标：
(1) 能够根据用户项目需求查阅相关资料，制定项目总体设计方案；
(2) 能够熟练使用 MCGS 组态软件创建工程、窗口并进行运行界面设计；
(3) 能够根据控制要求实现组态界面图形构件的动画组态及连接；
(4) 能够实现组态与模拟设备通信并连接；
(5) 会设置模拟设备的数据源信号；
(6) 能够实现报警显示、实时数据显示、历史数据查询；
(7) 能够通过组态操作界面实现液位限值的在线设置；
(8) 能够区分操作员和管理员权限，实现登录退出功能；
(9) 能够实现控制系统的逻辑控制及模拟运行。

情感目标：
(1) 培养理论联系实际的良好学习习惯；
(2) 激发浓厚的学习兴趣，培养严谨的学习态度；
(3) 培养良好的职业道德；
(4) 培养团队合作能力与沟通能力。

项目四　工作单

项目编号	4	项目名称	模拟水位控制工程监控系统				
姓名		学号		班级		小组	日期

一、资讯

1. 技能方面

(1) 查阅相关水位控制工程的工艺流程；

(2) 调查了解企业生产现场的工艺走向及设备连接位置。

2. 知识方面（参考书及知识链接内容）

(1) 输入框的作用是在 MCGS 运行环境下为用户从_____输入信息，通过合法性检查之后，将它转换成适当的形式，赋给实时数据库中所连接的_____。

(2) 流动块构件是用于模拟管道内气体或液体_____的动画构件，分为两部分：管道和位于管道内部的流动块。其基本属性的设置包括：管道外观、管道宽度、_____、边线颜色和流动块颜色、长度、宽度、间隔、_____、流动_____等。

(3) 报警显示构件专用于实现 MCGS 系统的报警信息_____、_____和_____的功能。该构件直接与 MCGS 系统中的报警子系统相连，将系统产生的_____显示给用户。报警事件包括报警产生、_____和_____。

(4) 仪表盘元件包括_____仪表构件和_____。

(5) 模滑动输入器构件是模拟滑块_____移动实现数值输入的一种动画图形，使用户能用滑轨完成改变对应数据对象值的功能。

(6) 百分比填充构件是以_____的长条形图来可视化实时数据库中的数据对象。

(7) 数据报表是根据实际需要以一定格式将统计分析后的数据_____和_____出来，如实时数据报表、历史数据报表。自由表格的功能是在 MCGS 运行时用来显示所连接的数据对象的值。自由表格中的每个单元称为表格的_____，可以建立每个表元与_____的连接。对没有建立连接的表格表元，构件不改变表格表元内的原有内容。

(8) 历史表格可以实现强大的报表和统计功能，如显示和打印静态数据、在运行环境中编辑数据、显示和打印_____、显示和打印_____、显示和打印_____等。历史表格有两种连接模式：一种是用表元或合成表元连接 MCGS _____以对指定表格单元进行统计，另一种是用表元或合成表元连接 MCGS _____以对指定历史记录进行显示和统计。

二、计划

每 3 人一组,每组选出一名负责人,负责人对小组任务进行分配。组员按负责人的要求完成相关任务,并将分配结果填入表 1 中。

表 1 任务计划

序号	任务概述	承担成员	备注

三、决策

根据任务内容制定实施方案,在规定时间内完成工作,并填入表 2 中。

表 2 任务实施方案

步骤	工作内容	计划时间	实际时间	完成情况
1	工程创建并保存			
2	数据库变量创建			
3	用户窗口静态界面设计			
4	用户窗口构件动画连接及调试			
5	脚本程序编写及调试			
6	设置与模拟设备建立连接的参数			
7	MCGS 数据库变量与模拟设备建立连接			
8	控制要求优化及整体调试			
9	资料整理			
10	作品展示及评价			

四、实施

1. 工程分析

样例工程定义的名称为"水位控制系统.mcg",由五大窗口组成,总共建立了两个用户窗口,分别为"水位控制"和"数据显示"窗口;建立了两个主菜单,分别为"报警显示"和"报表显示"菜单。

1)动画图形的制作

图元实现方法

序号	图元	实现方法
1	水泵、水箱、阀门	对象元件库引入
2	管道	工具箱中的流动块
3	旋转式指针仪表	对象元件库引入
4	水位控制滑块	工具箱中的滑动器
5	报警动画显示灯	由对象元件库引入

2)运行策略

(1)循环策略:两个水罐液位上、下限设计脚本程序、水泵与水罐之间的关联启停控制脚本程序;

(2)用户策略:新建两个用户策略,分别用来显示报表数据和报警数据。

3)设备连接

添加模拟设备,用于提供水位模拟信号。

4)主控窗口

添加两个菜单,分别用于打开历史报警数据窗口和历史报表数据窗口

2. 实施计划并完成对应的内容

1)工程建立

存盘信息为:＿＿＿D:\＿＿＿＿＿＿＿＿＿＿＿＿＿＿＿＿＿。

注意事项:工程文件名及保存路径中不能出现空格,否则无法运行。

2）创建数据库对象

变量名称	类型	注释

数据对象创建步骤如下：

工作台→实时数据库→新增对象→对象属性→更改数据对象名称→更改数据类型→填写"对象内容注释"→确认

3）新建窗口："水位控制"和"数据显示"

（1）设置"水位控制"窗口基本属性，并设为启动窗口：

①窗口名称：＿＿＿＿＿＿＿＿＿＿＿＿；②窗口标题：＿＿＿＿＿＿＿＿＿＿＿＿；
③窗口背景颜色：＿＿＿＿＿＿＿＿＿＿；④窗口位置：＿＿＿＿＿＿＿＿＿＿＿＿；
⑤窗口边界：＿＿＿＿＿＿＿＿＿＿＿＿。

（2）设置"数据显示"窗口基本属性，并设为启动窗口：

①窗口名称：＿＿＿＿＿＿＿＿＿＿＿＿；②窗口标题：＿＿＿＿＿＿＿＿＿＿＿＿；
③窗口背景颜色：＿＿＿＿＿＿＿＿＿＿；④窗口位置：＿＿＿＿＿＿＿＿＿＿＿＿；
⑤窗口边界：＿＿＿＿＿＿＿＿＿＿＿＿。

4）监控界面设计

（1）在"水位控制"窗口中添加水罐、水泵、调节阀、出水阀、流动管道。

（2）在"水位控制"窗口中添加"水位指示仪表"。

水罐水位的显示有两种，一种是利用百分比填充的方式，动态显示当前水位值，另一种是通过仪表指针的形式指示水位值。

（3）绘制辅助设施，如道路、房屋、树木等。

（4）绘制交通灯图符。
（5）装载汽车图符。
搜集合适的汽车卡通图片，使用绘图工具箱中的"位图"工具。
5）动画效果设计
（1）启停按钮的动画设计：
"启动"按钮操作属性，数据对象操作：_____，数据对象：_____；
"停止"按钮操作属性，数据对象操作：_____，数据对象：_____。
（2）旋转仪表指示动画设计：
①仪表1操作属性连接数据对象：_____；
最大逆时针角度：_____，对应的值：_____；
最大顺时针角度：_____，对应的值：_____。
②仪表1基本属性设置：
指针颜色：_____；填充颜色：_____；圆边颜色：_____；
圆边线型：_____；指针边距：_____；指针宽度：_____；
位图X坐标：_____；位图Y坐标：_____。
（3）滑动输入器的动画设计：
操作属性连接数据对象：_____；
滑块在最左（上）边时对应的值：_____；
滑块在最右（下）边时对应的值：_____。

4．模拟设备连接

（1）简述组态与模拟设备连接设置的步骤。

（2）模拟设备内部属性设置：
通道1连接数据对象：_____，曲线类型：_____；
通道2连接数据对象：_____，曲线类型：_____。
（3）脚本程序（另附页）。

5．数据显示与报警数据

1）定义报警（设置数据库变量的报警属性）
水位变量的"报警属性"设置：
（1）是否允许进行报警处理：_____。

（2）报警设置：下限报警值：_____，报警注释：_____；
　　　　　　　　上限报警值：_____，报警注释：_____。
（3）数据对象的存盘属性设置为：不存盘、自动保存产生的报警信息。
2）新建一个组变量
（1）组变量的对象类型：_____；
（2）存盘信息设置：_____；
（3）组对象成员：_____。
3）报警显示
（1）在工具箱中选择"报警显示"选项，设置其基本属性为：
数据对象名称：_____；
报警时颜色：_____，正常时颜色：_____，应答时颜色：_____；
最大记录次数：_____；
运行时是否允许改变列宽？_____
（2）按 F5 键直接进入运行环境。

6. 报警数据处理
（1）新建"用户策略"，命名为"报警数据"。
（2）新增策略行，拖入"报警信息浏览"策略，将其数据对象连接到_____。
（3）在主控窗口新增菜单，改名为"报警数据"，其"菜单操作"选择"执行运行策略块"，连接数据对象：_____。
（4）修改报警限值：
①定义数据变量：水位上限及水位下限。
②拖入"输入框"，数据对象连接：水位上限。
③设置输入框的取值范围，即水位上限的设置范围。
④在运行策略的循环策略中，填入脚本程序如下：
！SetAlmValue（水位1，水位1上限，3）　！SetAlmValue（水位1，水位1下限，2）
！SetAlmValue（水位2，水位2上限，3）　！SetAlmValue（水位2，水位2下限，2）

五、成果展示与考核

形式：PPT 答辩，工程演示。

六、总结

对技术资料、知识点等进行归纳总结。

项目四　考核评价

项目名称	模拟水位控制工程监控系统			
评分内容	评分标准	分值	自评得分	师评得分
方案设计	项目任务解读正确； 小组讨论制定系统控制方案。	5		
软件组态	创建工程，并按照要求保存。	5		
	界面设计符合设计要求、整齐美观。	5		
	数据对象定义正确，建立完整的实时数据库。	5		
	能正确实现流动管道、储水罐、阀门、水泵、显示仪表、滑动输入器的动画连接。	5		
	实现储水罐液位刻度显示。	5		
	用脚本程序实现水位逻辑控制。	5		
	实现实时曲线、历史曲线的设置及调试。	5		
	实现报警定义、报警显示，将数据存盘。	10		
	实现报警上、下限值的在线设置及修改。	10		
	实现实时报表和历史报表，打印。	15		
设备连接	正确模拟设备连接。	5		
系统调试	能够对控制系统正确调试，系统运行准确可靠。	10		
职业素养	规整现场，爱护教具； 讲文明懂礼貌，小组沟通协作好	10		
教师签名：	日期：	总分		

项目五　任务单

项目编号	5	项目名称	十字路口交通灯运行监控

任务描述：

　　交通灯控制系统主要完成对交通信号的有序控制，确保行车安全，通常采用单片机或 PLC 和组态实现单路口控制，也可实现多个路口的网络控制。本项目主要完成 PLC 和 MCGS 组态的单路口控制，可通过下位机 PLC 和上位机组态实现对交通灯的实时监控，并可根据不同路口的具体情况，实现行车时间的桌面设置和监控，以保证交通灯控制系统安全和高效。

　　用 S7－200 编程实现交通灯控制，用 MCGS 组态软件实现在线监控和参数设置，具体控制要求如下：

　　(1) 按"启动"按钮，先南北方向允许行车，东西方向禁止行车，运行时间设定初值为 10 s，期间绿灯亮 6 s，之后黄灯闪烁 4 s，再进行东西方向行车允许并控制南北方向行车禁止，运行时间设定初值为 10 s，期间绿灯亮 6 s，之后黄灯闪烁 4 s，完成一个周期后自动循环。

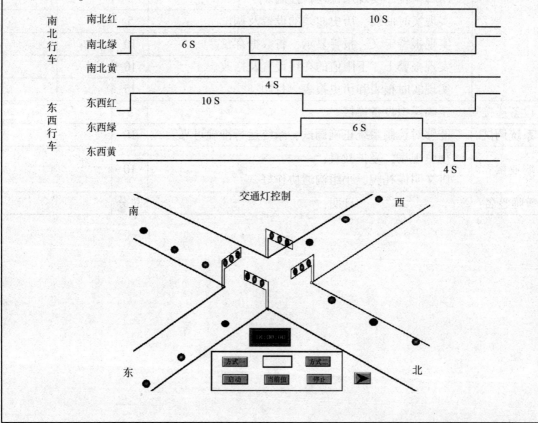

(2)按"停止"按钮,系统全部复位,所有输出为0。

(3)组态画面中可以随时设置各个方向的运行时间和闪烁提示时间,并将该参数送入PLC,实现实时控制。

(4)可完成PLC控制和组态控制两种方式的组态监控。

知识目标:

(1)了解十字路口交通灯控制系统的工作流程;

(2)掌握交通灯界面的设计及数据库变量的创建技巧;

(3)熟练掌握图形元件的分解、组合、排列等操作;

(4)掌握定时器的功能及多个定时器关联使用的技巧;

(5)熟练掌握优化组态界面的视觉效果;

(6)掌握标签显示输出定时器当前值的组态方法;

(7)掌握指示灯闪烁效果的组态方法;

(8)熟练掌握运行策略的编译及工程调试方法。

技能目标:

(1)能够根据用户项目需求查阅相关资料,制定项目总体设计方案;

(2)能够熟练使用MCGS组态软件创建工程、窗口并进行运行界面设计;

(3)能够根据控制要求设置不同定时器的参数,并实现定时器之间的关联;

(4)能够实现红灯等待时间的实时显示;

(5)能够在组态界面实现交通灯的启停控制、运行方式选择等操作;

(6)能够正确完成PLC接线及下位机程序设计;

(7)能够正确设置组态与PLC通信参数,并实现监控;

(8)能够调试联机系统,保证组态与PLC按照控制要求运行。

情感目标:

(1)培养理论联系实际的良好学习习惯;

(2)激发浓厚的学习兴趣,培养严谨的学习态度;

(3)培养良好的职业道德;

(4)培养团队合作能力与沟通能力。

项目五　工作单

项目编号	5	项目名称		十字路口交通灯运行监控		
姓名		学号	班级		小组	日期

一、资讯

1. 技能方面

(1) 查阅 PLC 设备编程调试手册；

(2) 观察十字路口交通灯运行状况。

2. 知识方面（参考书及知识链接内容）

(1) 设备窗口是 MCGS 系统的重要组成部分，负责建立系统与_____的连接。在系统运行过程中，设备构件由_____统一调度管理，通过通道连接，向实时数据库提供从外部设备采集到的数据，再由实时数据库将控制命令输出到外部设备，以便进行控制运算和流程调度，实现对设备工作状态的实时检测和对工业过程的自动控制。在 MCGS 单机版中，一个用户工程只允许有_____个设备窗口。

(2) 简述 MCGS 与 S7-200 系列 PLC 建立设备连接需要设置哪些参数。

(3) 选择 MCGS 与 S7-200 系列 PLC 连接时通用串口父设备的参数设置：

①端　口　号：　□COM1；　　□COM2；　　□COM3；

②通信波特率：　□9 600 kb；　□14 400 kb；　□19 200 kb；

③数据位位数：　□7 位；　　　□8 位；

④停止位位数：　□1 位；　　　□1.5 位；　　□2 位

⑤数据校验方式：□奇校验；　　□偶校验

(4) 举例阐述 MCGS 数据变量与 PLC 变量建立连接的方法及步骤。

二、计划

每 3 人一组,每组选出一名负责人,负责人对小组任务进行分配。组员按负责人的要求完成相关任务,并将分配结果填入表 1 中。

表 1 任务计划

序号	任务概述	承担成员	备注

三、决策

根据任务内容制定实施方案,在规定时间内完成工作,并填入表 2 中。

表 2 任务实施方案

步骤	工作内容	计划时间	实际时间	完成情况
1	工程创建并保存			
2	数据库变量创建			
3	用户窗口静态界面设计			
4	用户窗口构件动画连接及调试			
5	脚本程序编写及调试			
6	下位机程序编写及调试			
7	MCGS 数据库变量与 PLC 变量建立连接			
8	控制要求优化及整体调试			
9	资料整理			
10	作品展示及评价			

四、实施

1. 工程框架分析

交通信号灯系统由 PLC 编程控制运行，系统设置一个"启动"按钮，负责交通灯的启动运行控制，以及一个"停止"按钮，负责停止控制，并通过 MCGS 组态软件实现交通灯系统运行的监控。初步确定的组态监控工程框架如下：

（1）需要一个用户窗口及实时数据库。
（2）需要一个循环策略。
（3）循环策略中使用定时器构件、计数器构件及脚本程序构件。

2. 图形制作分析

（1）新建交通灯监控系统窗口。
（2）绘制道路、交通灯及汽车等组件并完成动画连接。
（3）添加"启动""停止""定时"及"方式"按钮并完成动画连接。

3. 实施计划并完成对应的内容

1）工程建立

存盘信息为：　D：_____。

注意事项：工程文件名及保存路径中不能出现空格，否则无法运行。（不能存在桌面上）

2）创建数据库对象

序号	数据对象名称	类型	序号	数据对象名称	类型

数据对象创建步骤如下：

工作台→实时数据库→新增对象→对象属性→更改数据对象名称→更改数据类型→填写"对象内容注释"→确认

3）新建窗口
设置窗口基本属性，并设为启动窗口：
(1) 窗口名称：_____；
(2) 窗口标题：_____；
(3) 窗口背景颜色：_____；
(4) 窗口位置：_____ ；
(5) 窗口边界：_____。
4）监控界面设计
(1) 制作文本标签；
(2) 设计启停按钮及方式选择按钮；
(3) 绘制辅助设施，如道路、房屋、树木等；
(4) 绘制交通灯图符；
(5) 装载汽车图符，搜集合适的汽车卡通图片，使用绘图工具箱中的"位图"工具。
5）动画效果设计
(1) 启停按钮的动画设计：
"启动"按钮操作属性，数据对象操作：_____，数据对象：_____。
"停止"按钮操作属性，数据对象操作：_____，数据对象：_____。
(2) 道路交通灯的动画设计：
交通灯红灯填充颜色的可见度连接数据对象：_____；
交通灯绿灯填充颜色的可见度连接数据对象：_____；
交通灯黄灯的闪烁效果连接数据对象：_____。
(3) 道路中行驶的汽车的动画设计：
"位置动画连接"→"垂直移动"选项连接数据对象：_____；
"位置动画连接"→"水平移动"选项连接数据对象：_____。
6）运行策略设计
(1) 定时器构件的组态：
①设定值：_____；
②计时条件：_____；
③复位条件：_____；
④计时状态：_____。
(2) 脚本程序设计（另附页）：
实现交通灯的定时切换功能。

4. 下位机设备连接

(1) 交通灯 PLC 地址分配：

输入部分			输出部分		
序号	地址	设备及功能	序号	地址	设备及功能

（2）组态与 PLC 设备连接设置方法及参数。

（3）PLC 设备 I/O 地址通道与组态数据对象建立连接：

输入部分			输出部分		
序号	PLC 地址	组态数据对象	序号	PLC 地址	组态数据对象

（4）下位机 PLC 梯形图程序（另附页）。

五、成果展示与考核

形式：PPT 答辩，工程演示。

六、总结

对技术资料、知识点等进行归纳总结。

项目五　考核评价

项目名称	十字路口交通灯运行监控			
评分内容	评分标准	分值	自评得分	师评得分
方案设计	项目任务解读正确； 小组讨论制定系统控制方案。	5		
软件组态	创建工程，并按照要求保存。	5		
	界面设计符合设计要求、整齐美观。	10		
	数据对象定义正确，建立完整的实时数据库。	5		
	能正确实现按钮、指示灯、显示输出的动画连接。	10		
	运行策略脚本程序实现汽车行驶动作。	5		
	红灯等待时间显示。	5		
	能够调用定时器构件，并正确实现定时功能。	5		
硬件编程	建立 PLC 变量及硬件连接	10		
	组态数据对象与 PLC 变量连接正确。	10		
	编写 PLC 程序并调试，实现交通灯控制。	10		
系统调试	能够对控制系统正确调试，系统运行准确可靠。	10		
职业素养	规整现场，爱护教具； 讲文明懂礼貌，小组沟通协作好。	10		
教师签名：　　　　　　日期：		总分		

项目六　任务单

项目编号	6	项目名称	自来水厂恒压供水系统运行监控

任务描述：

恒压供水监控系统主要对用水部门的出水压力进行恒定控制，确保用户用水方便，一般由 PLC、变频器、交流异步电动机组、电控柜、压力传感器和上位机构成。本项目包含 1 台水泵电动机，实现软启动和变频模拟量调速，压力传感器检测到出水压力，经 PLC 模拟通道采样后，与设定值进行比较后，经过 PID 控制算法得出输出值，以此控制变频器的输出频率，改变水泵电动机的转速来改变供水量，最终使管网的水压维持在给定值附近。通过工控机和 PLC 的连接，采用 MCGS 组态软件完成系统监控，实现运行状态的动态显示及报警、曲线的查询。

用 S7-200 编程实现恒压供水自动控制。恒压供水系统采用 1 台变频器和、1 台 PLC 和 1 台工控机实现，用 MCGS 组态软件实现在线监控和参数设置，具体控制要求如下：

（1）系统运行时，先通过组态桌面设置给出水压力值，比例，积分、微分参数，并将其送给 PLC；

（2）通过 PLC 模拟通道自动检测压力传感器传来的出水压力；

（3）当出水压力较小时，变频器满负荷运行，输出 50 Hz 频率；

（4）当出水压力靠近给定值附近时，自动进入 PID 控制程序；

（5）组态系统可在桌面设置各类参数，并可实时监控运行状态；

（6）组态系统需实现数据的报警、实时曲线监控和数据储存。

恒压供水监控系统

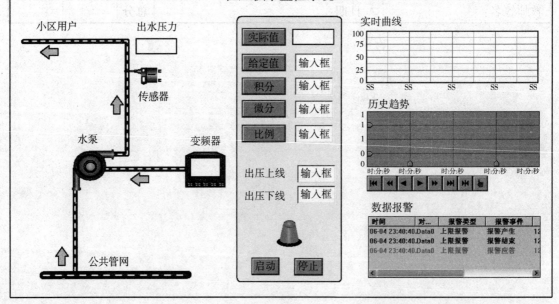

知识目标：

(1) 了解恒压供水监控系统的工艺流程；
(2) 掌握恒压供水监控系统的硬件组成（PLC、变频器、压力传感器、电动机）；
(3) 掌握组态与 S7-200 PLC 设备连接及通信参数的设置；
(4) 掌握组态界面设计及动画效果设计；
(5) 掌握输入框、指示灯、按钮、标签等构件的组态及动画设计；
(6) 掌握历史曲线与实时曲线的定义及组态方法；
(7) 掌握组态界面液位报警显示及输出的功能；
(8) 掌握实时数据显示及历史数据查询、报表打印的功能；
(9) 掌握组态数据库与 PLC 变量的连接及逻辑控制。

技能目标：

(1) 能够根据用户项目需求查阅相关资料，制定项目总体设计方案；
(2) 能够熟练使用 MCGS 组态软件创建工程、窗口并进行运行界面设计；
(3) 能够根据控制要求实现组态界面图形构件的动画组态及连接；
(4) 能够实现组态与 PLC 设备的通信并连接；
(5) 能够编写下位机程序，下载并调试诊断；
(6) 能够实现组态界面报警显示、实时数据显示、历史数据查询；
(7) 能够通过组态操作界面实现液位限值、PID 参数的在线设置；
(8) 能够连接变频器并正确设置其控制参数，实现 PLC 与变频器之间的数据通信；
(9) 能够实现控制系统的逻辑控制及联机运行。

情感目标：

(1) 培养理论联系实际的良好学习习惯；
(2) 激发浓厚的学习兴趣，培养严谨的学习态度；
(3) 培养良好的职业道德；
(4) 培养团队合作能力与沟通能力。

项目六　工作单

项目编号	6	项目名称	自来水厂恒压供水系统运行监控				
姓名		学号		班级		小组	日期

一、资讯

1. 技能方面

（1）查阅相关恒压供水监控系统的工艺流程；

（2）调查了解恒压供水的应用。

2. 知识方面（参考书及知识链接内容）

（1）实时曲线是用曲线显示一个或多个数据对象数值的动画图形，＿＿＿＿＿＿＿数据对象值的变化情况。它可以绝对时间为横轴标度，此时构件显示的是＿＿＿＿＿＿与＿＿＿＿＿的函数关系。

（2）实时曲线的类型有"＿＿＿＿＿＿＿＿＿＿"和"＿＿＿＿＿＿＿＿"两类。

（3）历史曲线的功能是实现＿＿＿＿＿＿＿的曲线浏览。运行时，历史曲线能够根据需要显示相应历史数据的趋势效果，描述历史数据的变化。

（4）与实时曲线不同，历史曲线必须指明对应存盘数据的来源，来源可以是＿＿＿＿＿＿＿、标注的 Access 数据库文件等。

（5）MCGS 组态软件的安全管理机制和 Windows NT 类似，引入＿＿＿＿＿＿和＿＿＿＿＿的概念进行权限的控制。

（6）给正在组态或已完成的工程设置密码，可以保护该工程不被别人打开使用或修改。设置密码的方法是：在组态工程环境下，选择"工具"菜单的"＿＿＿＿＿＿＿＿＿＿"→"＿＿＿＿＿＿＿＿"命令即可。

（7）按照如下安全机制要求，简述实现步骤：

①设置用户组：管理员组、操作员组；设置用户：负责人、张工。

②负责人属于管理员组；张工属于操作员组。

③只有负责人才能进行用户和用户组管理。

④只有负责人才能进行"复位"和"退出"操作。

⑤对工程文件进行加密。

二、计划

每 3 人一组,每组选出一名负责人,负责人对小组任务进行分配。组员按负责人的要求完成相关任务,并将分配结果填入表 1 中。

表 1 任务计划

序号	任务概述	承担成员	备注

三、决策

根据任务内容制定实施方案,在规定时间内完成工作,并填入表 2 中。

表 2 任务实施方案

步骤	工作内容	计划时间	实际时间	完成情况
1	工程创建并保存			
2	数据库变量创建			
3	用户窗口静态界面设计			
4	用户窗口构件动画连接及调试			
5	脚本程序编写及调试			
6	设置与模拟设备建立连接的参数			
7	MCGS 数据库变量与模拟设备建立连接			
8	控制要求优化及整体调试			
9	资料整理			
10	作品展示及评价			

四、实施

1. 工程分析

恒压供水监控系统需要1个用户窗口用于体现数据报警、实时曲线、PID参数设定等功能。其中画面制作主要涉及工具箱中的标签、流动块、标准按钮、输入框、实时曲线、历史曲线、报警显示，以及图形元件库中的按钮、指示灯、传感器等。

（1）需要1个用户策略，用于报警数据浏览；

（2）需要两个脚本程序构件，1个用于出水压力上、下限值设定，1个用于启停控制。

2. 实施计划并完成对应的内容

1）工程建立

存盘信息为：　D：_____。

注意事项：工程文件名及保存路径中不能出现空格，否则无法运行（不能存在桌面上）。

2）创建数据库对象

变量名称	类型	注释

3）新建窗口

设置窗口基本属性，并设为启动窗口：

（1）窗口名称：_____；（2）窗口标题：_____；

（3）窗口背景颜色：_____；（4）窗口位置：_____；

（5）窗口边界：_____。

4）监控界面设计

在窗口中添加水罐、水泵、调节阀、出水阀、流动管道、显示输出标签、输入框、按钮、指示灯等构件，方法同前几个项目。

3. 报警定义、显示及处理

同项目五。

4. 实时曲线

1）实时曲线构件的基本属性设置

（1）最小值：_____；（2）最大值：_____；（3）时间单位：_____。

2）实时曲线构件的画笔属性设置

（1）曲线1：_____，颜色：_____，线型：_____；

（2）曲线2：_____，颜色：_____，线型：_____。

5. 历史趋势

1）历史趋势构件的基本属性设置

曲线名称：_____。

2）历史趋势构件的存盘数据设置

组对象对应的存盘数据：_____。

3）历史趋势构件的曲线标识设置：

曲线1：颜色：_____，线型：_____。

6. 实时报表

（1）自由表格，按F9键直接进入连接状态，选取要连接的变量，如"水位"等。

（2）主控窗口，新增普通菜单，选择"打开窗口"命令，连接"数据显示"窗口。

7. 历史报表

（1）在运行策略中新建"用户策略"，命名为"历史数据"。

（2）新增策略行，添加存盘数据浏览构件，设置如下：

①窗口显示标题：_____；

②数据来源：_____（前提是已经创建数据组对象）。

8. 设备连接

（1）PLC，EM235模拟量输入/输出模块提供：

模拟量输出：AQW0；变频器输出：4~20 MA；

模拟量输入：AIW0；出水压力：0~10 V。

（2）与 PLC 通信参数设置：

（3）PLC 设备 I/O 地址通道与组态数据对象建立连接：

输入部分			输出部分		
序号	PLC 地址	组态数据对象	序号	PLC 地址	组态数据对象

（4）下位机程序设计（另附页）。

五、成果展示与考核

形式：PPT 答辩，工程演示。

六、总结

对技术资料、知识点等进行归纳总结。

项目六 考核评价

项目名称	自来水厂恒压供水系统运行监控			
评分内容	评分标准	分值	自评得分	师评得分
方案设计	项目任务解读正确； 小组讨论制定系统控制方案。	5		
软件组态	创建工程，并按照要求保存。	5		
	界面设计符合设计要求、整齐美观。	5		
	数据对象定义正确，建立完整的实时数据库。	5		
	能实现流动管道、阀门、水泵、变频器的动画连接。	5		
	实现出水压力数值显示。	5		
	进行 PID 控制的参数在线设置。	5		
	实现实时曲线、历史曲线的设置及调试。	5		
	实现报警定义、报警显示，将数据存盘。	10		
	进行出水压力上、下限值的在线设置。	10		
设备连接	建立 PLC 变量及硬件连接。	5		
	组态数据对象与 PLC 变量连接正确。	5		
	编写 PLC 程序并调试，实现恒压供水控制。	10		
系统调试	能够对控制系统正确调试，系统运行准确可靠。	10		
职业素养	规整现场，爱护教具； 讲文明懂礼貌，小组沟通协作好。	10		
教师签名： 日期：		总分		

定价：42.00元